中等职业学校电类规划教材

基础课程与实训课程系列

安全用电技术

金国砥 主编

人民邮电出版社

北京

图书在版编目（CIP）数据

安全用电技术 / 金国砥主编. -- 北京 : 人民邮电出版社，2011.5
中等职业学校电类规划教材
ISBN 978-7-115-24975-3

Ⅰ. ①安… Ⅱ. ①金… Ⅲ. ①用电管理－安全技术－中等专业学校－教材 Ⅳ. ①TM92

中国版本图书馆CIP数据核字(2011)第033858号

内容提要

本书较全面地介绍了安全用电的基本知识，主要内容包括：一种优质能源——电能，触电与触电急救，电气火灾与扑救，雷电与雷电防范，静电与静电防范，电气安全知识与接地装置，电气照明与节电技术，电气用具和电气安全管理，电气安全检测技术。

本书可作为中等职业学校安全用电教材，也可供企业安全部门对员工进行培训之用。

◆ 主　　编　金国砥
责任编辑　李海涛
◆ 人民邮电出版社出版发行　　北京市丰台区成寿寺路 11 号
邮编　100164　　电子邮件　315@ptpress.com.cn
网址　http://www.ptpress.com.cn
北京捷迅佳彩印刷有限公司印刷
◆ 开本：787×1092　1/16
印张：11.75　　2011 年 5 月第 1 版
字数：278 千字　　2025 年 2 月北京第 28 次印刷

ISBN 978-7-115-24975-3

定价：22.00 元

读者服务热线：(010)81055256　印装质量热线：(010)81055316
反盗版热线：(010)81055315

中等职业学校电类规划教材编委会

电子产业是我国国民经济的支柱产业，产业的发展必然带来对人才需求的增长，技术的进步必然要求人员素质的提高。因此，近年来企业对电类人才的需求量逐年上升，对技术工人的专业知识和操作技能也提出了更高的要求。相应地，为满足电类行业对人才的需求，中等职业学校电类专业的招生规模在不断扩大，教学内容和教学方法也在不断调整。

为了适应电类行业快速发展和中等职业学校电类专业教学改革对教材的需要，我们在全国电类行业和职业教育发展较好的地区进行了广泛调研，以培养技能型人才为出发点，以各地中职教育教研成果为参考，以中职教学需求和教学一线的骨干教师对教材建设的要求为标准，经过充分研讨与论证，精心规划了这套《中等职业学校电类规划教材》。第一批教材包括4个系列，分别为《基础课程与实训课程系列》、《电子技术应用专业系列》、《电子电器应用与维修专业系列》、《电气运行与控制专业系列》。

本套教材力求体现国家倡导的“以就业为导向，以能力为本位”的精神，结合教育部组织修订《中等职业学校专业目录》的成果、职业技能鉴定标准和中等职业学校双证书的需求，精简整合理论课程，注重实训教学，强化上岗前培训；教材内容统筹规划，合理安排知识点、技能点，避免重复；教学形式生动活泼，以符合中等职业学校学生的认知规律。

本套教材广泛参考了各地中等职业学校电类专业的教学实际，面向优秀教师征集编写大纲，并在国内电类行业较发达的地区邀请专家对大纲进行了评议与论证，尽可能使教材的知识结构和编写方式符合当前中等职业学校电类专业教学的要求。

在作者的选择上，充分考虑了教学和就业的实际需要，邀请活跃在各重点学校教学一线的“双师型”专业骨干教师作为主编。他们具有深厚的教学功底，同时具有实际生产操作的丰富经验，能够准确把握中等职业学校电类专业人才培养的客观需求；他们具有丰富的教材编写经验，能够将中职教学的规律和学生理解知识、掌握技能的特点充分体现在教材中。

为了方便教学，我们免费为选用本套教材的老师提供教学辅助资源。老师可登录人民邮电出版社教学服务与资源网（http://www.ptpedu.com.cn）下载资料。

我们衷心希望本套教材的出版能促进目前中等职业学校的教学工作，并希望得到职业教育专家和广大师生的批评与指正，以期通过逐步调整、完善和补充，使之更符合中职教学实际。

欢迎广大读者来电来函。

电子函件地址：lihaitao@ptpress.com.cn, wangping@ptpress.com.cn

读者服务热线：010-67170985

前　言

电能是一种优质能源，它与其他形式的能相比，具有转换容易、效率高、便于输送和分配、有利于实现自动化等许多方面的优点。

当今社会，不用说工农业生产、交通运输、文教卫生等方面离不开电，就是我们的日常生活中用的电灯、电话、电视机……哪样都少不了电。但是，当我们不认真驾驭它，不注意它的安全使用，不注意防范它的狰狞一面时，它给我们带来的光明、欢乐、财富就可能化为灰烬，还有可能损害或无情地夺走我们的生命。

表 1 所示为家庭用电过程中的一些错误用电示例，这些示例告戒人们“要注意安全用电，不可错误使用”，要抓好宣传教育，使人们真正重视用电安全。

表 1　　日常生活中的错误用电示例

事故原因	示意图	事故原因	示意图
湿手触及电器（如开关、插座等电器）		带电清洁电器	
乱拉乱接电器		洗衣机等家用电器的金属外壳未连接接地保护线	洗衣机
在电加热器上烘烤衣服	烘衣服不要放得那么近！	小孩摆弄玩电	不能玩，危险！

续表

事故原因	示意图	事故原因	示意图
将晒衣服杆搁在架空电线上或距离电力线过近		用铜导线代替保险丝	

安全用电是安全领域中直接与电关联的科学技术与管理工程，它包括安全用电的实践、安全用电的教育和安全用电的科研等。安全用电是以安全为目标，以电气为领域的应用科学。安全用电具有特别重大的意义。

（1）由于电力生产和使用的特殊性，即发电、供电和用电是同时进行的，用电事故的发生会造成全厂停电、设备损坏以及人身伤亡，还可能波及电力系统，造成大面积停电的重大事故。

（2）不论是工业、农业，还是其他行业；不论是生产领域，还是生活领域，都离不开电，都会遇到各种不同的用电安全问题。

（3）电力工业的高速发展必将促进安全用电工作，用电事故的严重性决定了安全用电的迫切性。此外，电具有看不见、摸不到、嗅不着的特点，人们不易直接感受它和认识它，给电气安全工作增加了难度。因此，我们要努力了解它的特点，掌握它的规律，并做好安全用电的工作。

为了更好地适应全国中等职业技术学校电工类专业的教学要求，特编写了本教材。在编写中，我们努力做到以下几点。

第一，坚持以能力为本位，重视实践能力的培养，突出职业技术教育特色。根据电工类专业毕业生所从事职业的实际需要，合理确定学生应具备的能力结构与知识结构，对教材内容的深度、难度做了较大的调整，同时，进一步加强实践性教学内容，以满足企业对技能型人才的需求。

第二，吸收和借鉴各地中等职业技术学校教学改革的成功经验，教材编写采取理论知识与技能训练一体化的模式，使教材内容更加符合学生的认知规律，易于激发学生的学习兴趣。

第三，根据科学技术发展，合理更新教材内容，尽可能多地在教材中充实新知识、新技术、新设备和新材料等方面的内容，力求使教材具有较鲜明的时代特征。同时，在教材编写过程中，严格贯彻了国家有关技术标准的要求。

第四，努力贯彻国家关于职业资格证书与学生毕业证书并重，职业资格证书制度与国家就业制度相衔接的政策精神，力求使教材内容涵盖国家职业标准（中级）的知识和技能要求。

第五，在教材编写模式方面，尽可能使用图片、实物照片或表格形式将各个知识点生动地展示出来，力求给学生营造一个更加直观的认知环境。模块中的“温馨提示”强调重要的知识点及注意事项；“活动与研讨”针对相关知识点，设计贴近生活，引导学生参与互动实践，提高潜能；“思考与练习”通过学生的课后思考与练习，加深对所学知识的理解。

本书建议教学总课时为40课时，各模块的参考教学课时如表2所示。各学校可根据实际情况灵活安排或增删部分内容。

表2　　学时分配表

序　号	模块内容	学时分配		
		理　论	实　践	合　计
1	模块一　一种优质能源——电能	2		2
2	模块二　触电与触电急救	4	2	6
3	模块三　电气火灾与扑救	4	2	6
4	模块四　雷电与雷电防范	2	2	4
5	模块五　静电与静电防范	2		2
6	模块六　电气安全知识与接地装置	4	2	6
7	模块七　电气照明与节电技术	4	2	6
8	模块八　电气用具和电气安全管理	2	2	4
9	模块九　电气安全检测技术	2		2
10	机动	2		2
合　计		28	12	40

本书由金国砥主编，陈子猛、董文卿、金成、刘顺法参与部分模块的编写和插图绘制。同时，在编写过程中还得到相关企业刘宏沐、魏昌煌等工程技术人员的大力支持与帮助，在此致以诚挚的谢意。

由于编者水平有限，书中难免存在错误和不妥之处，望读者批评指正。

编　者

2011年2月

目　录

模块一　一种优质能源——电能

电能是一种优质能源，它与其他形式的能相比较，具有转换容易、效率高，便于输送和分配，有利于实现自动化等许多方面的优点。

在今天的人类社会，不用说工农业生产、交通运输、文教卫生等方面离不开电，就是我们的日常生活中用的电灯、电话、电视机……哪样都少不了电。很难想象，如果没有电，我们的生活将是怎么样的。

通过本模块的学习（操练），了解电能生产、输送和分配过程，熟悉三级供电方式，明确节电意义。并参与节电活动，使“电”为我所用，为人类多做贡献。

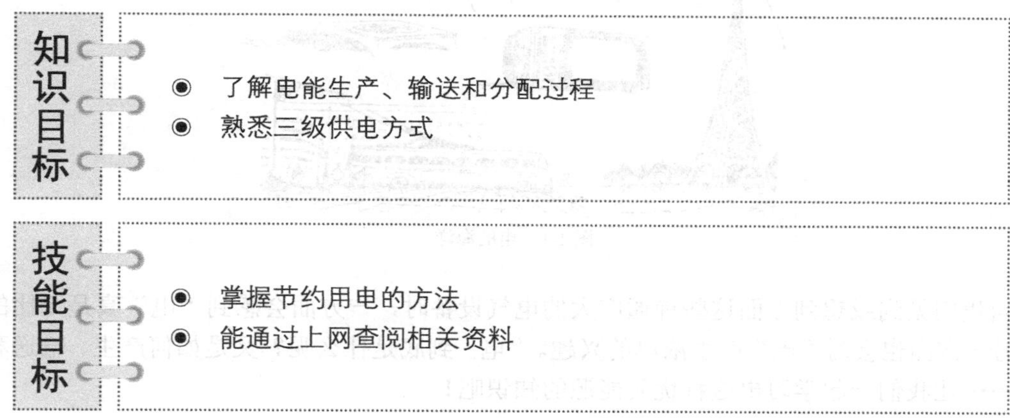

知识目标
◉ 了解电能生产、输送和分配过程
◉ 熟悉三级供电方式
技能目标
◉ 掌握节约用电的方法
◉ 能通过上网查阅相关资料

情景模拟

在人类社会，不管农村或城市，电的应用都越来越广泛。我们的生活、学习和工作一天也离不开电。

——每天千家万户的照明，离不开电灯；收听当天的新闻广播和动人心弦的歌曲，离不开电；要焊接无线电电路元件，也离不开电对电烙铁的供电。

——学生在学校上课和下课的时候，需要电铃声响来统一大家的行动；在参观离城较远的名胜古迹时，离不开地下铁道的电气火车或无轨电车等交通工具；大型工厂的生产过程，只要工人操纵自动化车床的按钮，就可以加工复杂的工件；在大型炼钢厂、大型油田的控制中心，更能见到现代自动化的心脏——计算机控制中心，进行生产过程的复杂运算和指挥。

——每当晚上，我们更感到电的非凡奇迹。尽管离电视台有几十里、几千里，但可以坐在自己家中或愉乐厅观看丰富多彩的电视节目：即使你不在首都北京，甚至离北京几百里、几千里，也可以在全国各大、中城市，通过卫星转播，及时看到首都的电视节目。飞机的无线电导航，人造地球卫星按预定轨道运行和着陆，以及洲际导弹的飞行遥控等都离不开电，这种用到电的例子举不胜举。

可以说，我们生活在电的海洋中，如图 1-1 所示。

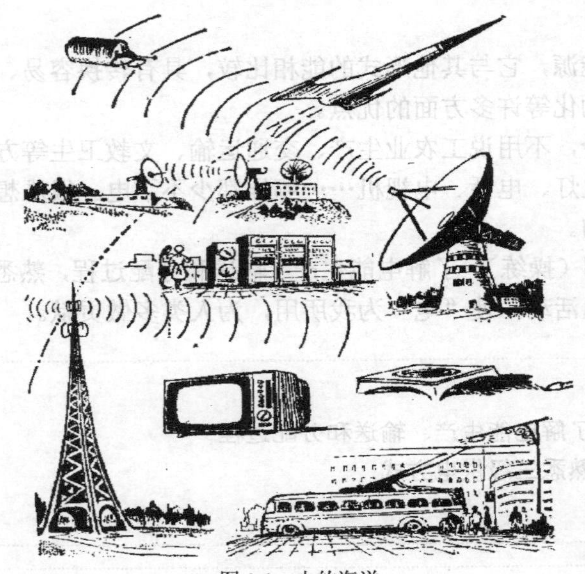

图 1-1　电的海洋

当我们见到或想到上面这些神通广大的电气设备时，一方面会感到“电”真是无比的奇妙；另一方面也会对“电”产生浓厚的兴趣。“电”到底是什么呢？又是如何产生、输送和分配的……让我们一起学习电这种优质能源的知识吧！

基础知识

知识一 电能的生产、输送和分配

电能与其他形式的能相比较，具有转换容易、效率高，便于输送和分配，有利于实现自动化等许多方面的优点。因此，人们总是尽可能地将其他形式的能量转换为电能加以利用。目前，电能基本由发电厂产生经升压变压器升压后，通过输电线的输送，最后经区域变电所的降压分配给各个电力用户，这样就构成了发电、输送、变电、配电和用电的整体，称为电力系统，如图 1-2 所示。

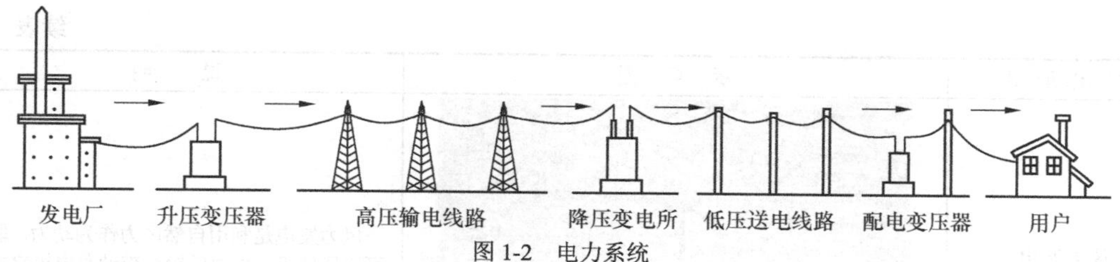

图 1-2　电力系统

一、电能的生产

发电厂又称发电站，是将自然界蕴藏的各种一次能源转换为电能（二次能源）的工厂。19 世纪末，随着电力需求的增长，人们开始提出建立电力生产中心的设想。电机制造技术的发展，电能应用范围的扩大，对电的需要的迅速增长，发电厂应运而生。现在的发电厂，根据所利用能源的不同分为：火力发电厂、水力发电厂、核能发电厂、风力发电厂、潮汐发电厂、沼气发电厂、地热发电厂、太阳能发电厂（站）等。各种不同发电形式如表 1-1 所示。

表 1-1　　各种不同发电形式

发电形式	示意图	说明
火力发电		火力发电是利用煤、重油和天然气为燃料，使锅炉产生蒸汽，以高压高温蒸汽驱动汽轮机，由汽轮机带动发电机来发电
水力发电		水力发电是利用自然水力资源作为动力，通过水库或筑坝截流的方式提高水位，利用水流的位能驱动水轮机，由水轮机带动发电机来发电
原子能发电		原子能发电是利用核燃料在反应堆中的裂变反应所产生的热能，产生高压高温蒸汽，驱动汽轮机再带动发电机来发电，原子能发电又称核发电

续表

发电形式	示意图	说明
风力发电		风力发电是利用自然风力作为动力，驱动可逆风轮机，再由风轮机带动发电机来发电
潮汐发电		潮汐发电是利用潮汐的水位差作为动力，驱动可逆水轮机，再由可逆水轮机带动发电机来发电
沼气发电		沼气发电是以工业、农业或城镇生活中的大量有机废弃物（例如酒糟液、禽畜粪、城市垃圾、污水等），经厌氧发酵处理产生的沼气，驱动沼气发电机组来发电
地热发电		地热发电是把地下的热能转变为机械能，然后再将机械能转变为电能
太阳能发电		太阳能发电是利用汇聚的太阳光，把水烧至沸腾变为水蒸气，然后用来发电

目前，常见的电能生产类型主要有火力发电厂、水力发电厂、风力发电厂和原子能发电厂等。火力发电需要消耗大量宝贵的资源，在产生电力的同时还释放了大量的温室气体；水利发电和风力发电有很强的地理条件要求，而原子能发电只要在技术能力达到标准就可以在任何地域，长期提供强大的电力，所以是目前解决能源危机的一个发展方向。

二、电能的输送

电能的输送又称输电。从发电厂发出的电能，先经过升压变压器将电压升高，用高压输电线送到远方用户附近，再经过降压变压器降低电压，供给用户使用。输电的距离越长，输送容量越大，输电电压升得越高。一般情况下，输电距离在 50km 以下，采用 35kV 电压；输电距离在 100km 左右，采用 110kV 电压；输电距离在 2 000km 以上，采用 220kV 或更高的电压。

输电线路的损耗主要由输电导线的热效应引起，采用高压输电可以在保证输送电动率不变的情况下，减少输电过程中电能的损耗。

电能的输送一般需经过变电、输电和配电 3 个环节，它们的特点如表 1-2 所示。

表 1-2 电能输送的 3 个环节

环　节	说　明
变电	变换电压等级。它可分为升压和降压两种，升压是将较低等级的电压升到较高等级的电压，反之即为降压。变压通常由变电站（所）来完成，相应地，变电站可分为升压变电站（所）和降压变电站（所）
输电	电力的输送。一般由输电网来实现。输电网通常由 35kV 及以上的输电线路及其连接的变电站组成
配电	配电指电力的分配，通常由配电网来实现。配电网一般由 10kV 及以下的配电线路组成。现有的配电电压等级为 10kV、6kV、3kV、380V/220V 等多种，农村常采用的是 10kV/0.4kV 变配电站，380V/220V 配电线路

三、电能的分配

高压输电到用电点（如住宅、工厂）后，需经区域变电（即将交流电的高压降低到低压），再供给各用电点。电能提供给民用住宅的照明电压为交流 220V，提供给工厂车间的交流电电压为 380/220V。

在工厂配电系统中，对车间动力用电和照明用电采用分别配电的方式，即把动力线路与照明线路一一分别供电，这样可以避免因局部故障而影响整个车间的生产用电和照明用电。

一般电力系统要求总用电负荷与总供电功率保持平衡，以确保供电质量，避免或减少供电事故的发生。根据用电用户重要性的不同及对供电可靠性的要求，用电负荷一般可分为 3 类，如表 1-3 所示。

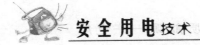

表 1-3　　电力系统负荷的分类

负荷分类	重要性和可靠性要求	采取措施
一类负荷	如果供电中断会造成生命危险，造成国民经济的重大损失，损坏生产的重要设备以致使生产长期不能恢复或产生大量废品，破坏复杂的工艺过程，以及破坏大城市正常社会秩序，如钢铁厂、石化企业、矿井、医院等	必须有两个独立电源供电，重要的应配备用电源，以保证持续供电
二类负荷	停止供电会造成大量减产，机器和运输停顿，城市的正常社会秩序遭受破坏。对这类负载应尽可能保证供电可靠，是否设置备用电源，要经过经济技术比较，如中断供电造成的损失大于设置备用电源的费用时，可以设置备用电源，如化纤厂、生物制药厂、体育馆、剧院等	设置备用电源，提高供电的连续性
三类负荷	断电后造成的损失与影响不太大，如生产单位的辅助车间、小城市及农村的照明负载等	可以不设置备用电源，应该在不增加投资的情况下尽量提高供电的可靠性

请同学们上网查阅相关电能的生产、输送和分配的资料，并在课堂上或课余时间与同学交流。

知识二　衡量电能质量的主要指标

电能同工厂的产品一样，都有表征其质量的指标。衡量电能质量的主要指标是：电压、频率、波形和供电的可靠性。

一、电压

所有电气设备都是在额定的电压下工作的。所谓电气设备的额定电压，就是指设备正常运行且能获得最佳经济效果的电压。如果电压发生偏差（比额定电压高或者低），则对电气设备安全经济运行有直接影响。

1．对异步电动机的影响

异步电动机的运行特性对电压的变化也是较敏感的，因为其电磁转矩与定子绕组电压的平方成正比，故电源电压的波动对电动机转矩的影响较大。当负载一定时，异步电动机的定子电流、功率因数和效率是随定子绕组电压的变化而变化的。当电源电压降低，电磁转矩将显著降低，为与负载转矩平衡，转速要下降，以致转差率增大，使电动机定子、转子电流都显著增大。因此导致电动机的温度上升，严重时会烧坏电动机。如果电压过高将使电动机的铁芯磁密增大而饱和，从而使励磁电流增大，铁耗增大，导致电动机过热，效率降低，绕组绝缘受损。

2．对照明负荷的影响

电压发生偏差对白炽灯的影响最为明显。当电压降低时，白炽灯的发光效率和光通量都急剧下降；当电压升高时，白炽灯的使用寿命将大为缩短。例如，白炽灯的端电压比额定电压降低 10%，其发光效益会降低 30%，灯光明显变暗。对荧光灯等电光源，电压偏低时灯管

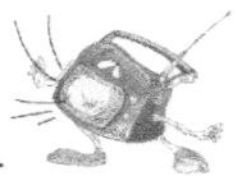

不易起燃。如果反复多次起燃，将大大影响灯管的使用寿命，而且照度下降。当电压偏高时，也会缩短灯管的使用寿命。

因此，供电电压质量要符合《全国供用电规则》的规定，即：

（1）对 35kV 以上的电力用户，电压允许变化范围为 ± 5%UN；

（2）对 10kV 及以下电力用户，电压允许变化范围为 ± 7%UN；

（3）对低压照明用户的电压变动范围为−10～+5%UN。

二、频率

频率发生偏差，同样会严重影响电力用户的正常工作。对异步电动机来说，频率降低将使电动机的转速下降，从而使生产效率降低，并会影响电动机的使用寿命。频率增高将使电动机的转速上升，从而增加功率消耗，使经济性降低。

对发电厂本身而言，频率偏差将会造成极为严重的影响。例如，在发电厂内为锅炉服务的供水泵和鼓风机，当频率降低时其转速会下降，其出力将大大下降，从而引起锅炉的出力大大减小。这样就进一步减少系统电源的出力，导致系统频率的进一步下降。另外，在频率降低的情况下运行时，汽轮机叶片将因振动而产生裂纹，会缩短汽轮机的使用寿命。所以，电力系统频率下降的趋势如果不及时制止的话，会引起恶性循环造成整个电力系统的崩溃。

三、波形

通常，要求电力系统的供电电压（或电流）的波形应为正弦波。所以要求发电机首先发出符合标准正弦波的电压；其次，在电能输送和分配过程中不应使波形产生畸变（例如，当变压器的铁心饱和时，或变压器无三角形接法的线圈时，都可能导致波形畸变）。

当电源波形不是标准的正弦波时，必然是电源中包含有谐波成分，这些谐波成分的出现会导致异步电动机过热和效率下降，影响其正常运行，还可能使系统发生高次谐波共振而危及设备的安全运行。另外，电源中的谐波成分还会影响电子设备的正常工作，造成对通信线路和设备的干扰等不良后果。

为保证严格的正弦波形，必须在发电机、变压器的设计制造时制定相应的规范。运行中严格执行有关规程，注意对出现的一些谐波源及时采取相应的措施加以消除（如炼钢电弧炉、电力电子整流装置等必须采用单独变压器，消除谐波对电网的影响）。只有严格执行规程，才能保证电能波形的质量。

四、供电的可靠性

供电的可靠性（持续性），也是衡量供电质量的一个重要指标。一般以全部平均供电时间占全年时间的百分数来表示供电可靠性的高低。例如，全年时间为 8 760h，某电力用户全年平均停电 43.8h，则停电时间占全年时间的 0.5%，即供电的可靠性为 99.5%。

供电可靠性的另一意义是指应满足电力用户对供电可靠性的要求。从某种意义上讲，绝对安全可靠的电力系统是不可能存在的。满足供电可靠性是指通过采取一系列措施，一旦电力系统发生故障，应能借助保护装置迅速将故障从系统中切除，防止故障进一步扩大，并及时排除故障，尽快恢复供电。对某企业而言，按重要负荷可靠性要求设置供电系统，一旦发生故障除迅速将故障从系统中切除外，还应及时投入备用电源，保证对重要负荷的供电。

知识三 电能的计量与电能表安装

计量电能的仪表是电能表（又称电度表或千瓦小时表，俗称“火表”），即计量某一段时间用电器（如灯、电视机、电冰箱等负载）所消耗电能的仪表。图 1-3 所示为一种常见的单相电能表。

图 1-3　单相电能表

一、单相电能表的铭牌

在电能表的铭牌上都标有一些字母和数字，图 1-4 所示为某单相电能表的铭牌。DD862 是电能表的型号，DD 表示单相电能表，数字 862 为设计序号；一般家庭使用常选用 DD 系列的电能表，设计序号可以不同。220V、50Hz 是电能表的额定电压和工作频率，它必须与电源的规格相符合。5（20）A 是电能表的标定电流值和最大电流值，5（20）A 表示标定电流为 5A，允许使用的最大电流为 20A。1 440r/kW・h 表示电能表的额定转速是每千瓦时 1 440 转。

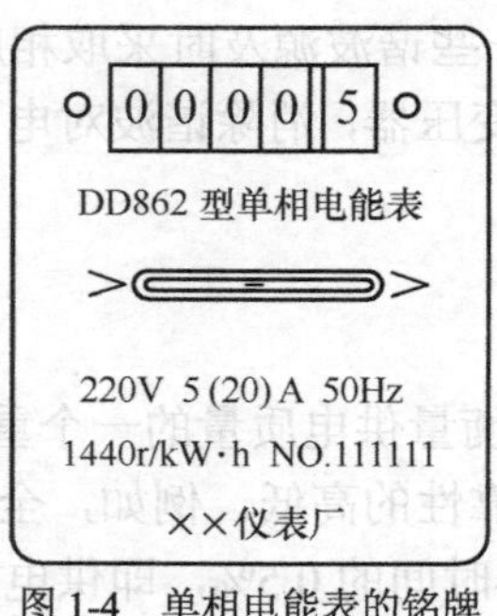

图 1-4　单相电能表的铭牌

二、电能表的接线方式

单相电能表的接线方式如图 1-5 所示。

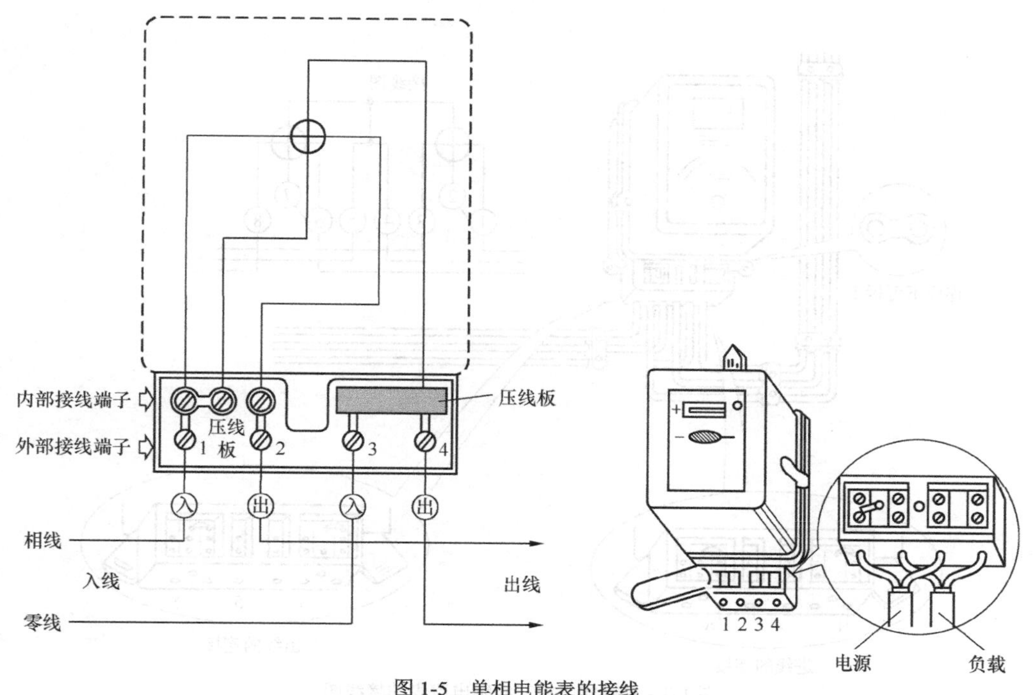

图 1-5　单相电能表的接线

三、三相电度表的安装

直接式三相四线制电度表的接线图，如图 1-6 所示，直接式三相三线制电度表的接线图如图 1-7 所示，间接式三相四线制电度表的接线图如图 1-8 所示。

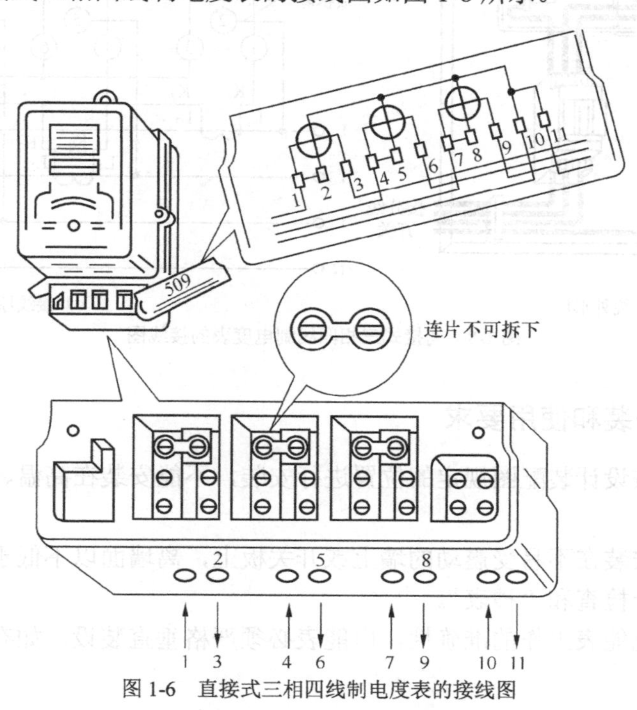

图 1-6　直接式三相四线制电度表的接线图

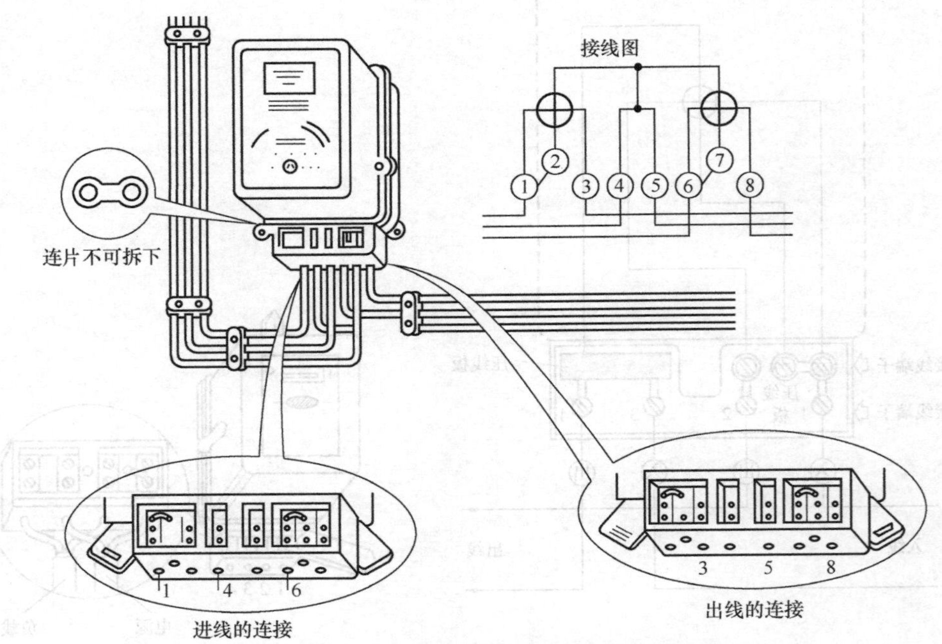

图 1-7　直接式三相三线制电度表的接线图

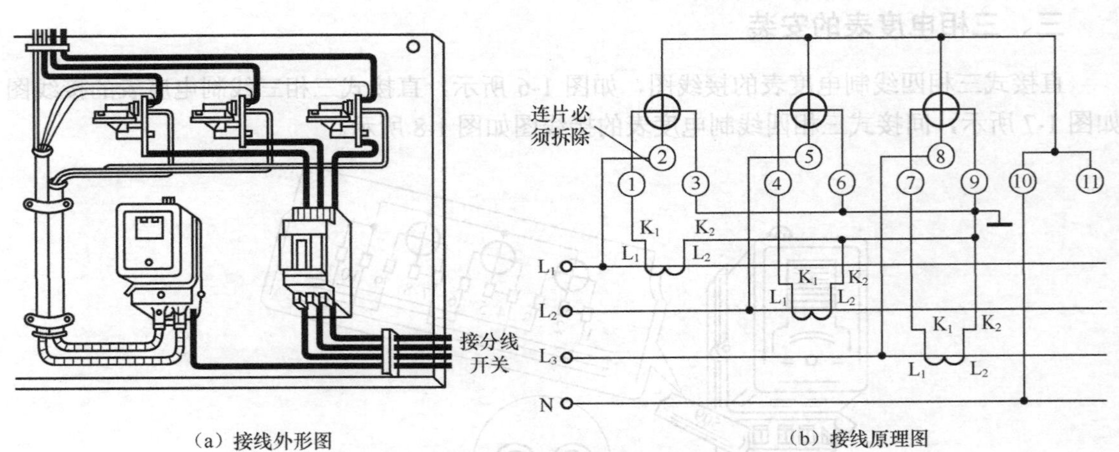

（a）接线外形图　（b）接线原理图

图 1-8　间接式三相四线制电度表的接线图

四、电能表安装和使用要求

（1）电能表应按设计装配图规定的位置进行安装，不能安装在高温、潮湿、多尘及有腐蚀气体的地方。

（2）电能表应安装在不易受震动的墙上或开关板上，离墙面以不低于 1.8m 为宜。这样不仅安全，而且便于检查和“抄表”。

（3）为了保证电能表工作的准确性，电能表必须严格垂直装设。如有倾斜，会发生计数不准或停走等故障。

（4）接入电能表的导线中间不应有接头。接线时接线盒内螺丝应拧紧，不能松动，以免接触不良，引起桩头发热而烧坏。配线应整齐美观，尽量避免交叉。

（5）电能表装好后，打开电灯，电能表的铝盘应从左向右转动。若铝盘从右向左转动，说明接线错误，应把相线（火线）的进出线调接一下。

（6）电能表的选用必须与用电器总功率相适应。

（7）电能表在使用时，电路不允许短路及过载（不超过额定电流的125%）。

知识拓展

拓展1 核能为什么是能源世界的“巨人”

所谓核能发电，就是用“原子锅炉”燃烧核燃料来发电。那么，1kg 核燃料铀能发多少度电呢？说出来你也许不信，它能发800万度电!而1kg煤却只能发3度电。所以，核能是新能源世界里的“巨人”。

与其他能源相比，核能又是一种安全可靠的能源。例如，英国北海油田爆炸死亡了166人；美国在往火力发电站运煤过程中，每年约有100人死于交通事故；而井下采煤，每采100万吨煤难免死亡几人。比较起来，核电站的风险要小得多。

关于核电的成本，早在20世纪70年代初，一些工业发达国家已与火力发电成本相当。后来，由于石油价格上涨和核电技术的提高，核电成本已低于火力发电成本。在法国，核电的成本比火电要低30%。随着核电技术的不断进步，核电的成本将会更加低于火力、水力发电，如图1-9所示。由此看来，核能发电前景是十分可观的。

图1-9 发电成本比较

拓展2 远程电力输电为什么要采用超高电压传输

一般发电厂的汽轮发电机本身发出的电压只有 15 750V。把它接入输电电网时，先要将电压升高到22万或33万伏，因为在远距离输电中，对输电电力用裸绞线有较高的要求。首先要具有一定的拉力强度。一般输电铁塔间的距离很远，为了能承受足够的拉力，输电用裸绞线都采用钢芯铜绞线来增添它的强度。除此之外，为了降低电能传输的损耗，要求输电线的直流电阻越小越好。要降低输电线损耗可用两种方法：一种方法是增大导线的截面积，导线截面积越大，单位长度的电阻就越小，它所能通过的电流也越大。但是，输电线也不能无限度地加粗，线径加粗后，输电线的自重也随之增加，而且线路用材费用也要增加。另一种方法是，提高线路传输电压。随着输电电压的升高，输电电流大幅度减小，从而使输电线上的损耗大大降低，因为传输功率等于电压和电流的乘积。在功率相等的情况下，传输电压越高，传输电流就越小，而线路损耗与传输电流成正比，与传输电压成反比。目前已有将传输电压提高到50～100万伏的超高压输电，这样在同等线径的输电线上就能成倍地增加传输电力，如图1-10所示。

图 1-10 远程电力输电采用超高压传输

拓展 3 电力变压器外壳为什么漆上深色

在户外的电线杆上，经常能看到一只只大型的电力变压器。电力变压器工作时会产生很大的热量，为了保持良好的工作环境，应尽可能使其散热降温。

电力变压器的散热主要依靠在其循环管内流动的冷却油以对流换热方式将其热量带走，同时，它也以热辐射的方式向外界散热。

人们通过实验发现，当温度一定时，粗糙的、色泽较深的金属表面的黑度要比磨光的、色泽较淡的金属表面的黑度高得多。金属表面黑度越高，其热辐射能力越大。因此，为增强各种电力设备表面的辐射散热能力，常在其表面涂上色泽较深的油漆，以使其表面黑度增高。在一些需要减少辐射换热的场合，如保温瓶胆夹层，都在其表面镀以色泽较淡且光滑的银、铝等薄层，使其表面黑度减小。所以，为了提高电力变压器散热效果，在户外电力变压器外壳上涂以深色油漆，如图 1-11 所示。

图 1-11 我要黑色！

思考与练习

一、填空题

1. 电能主要是由发电厂生产的，发电厂是把______转变成电能的场所。常见的发电厂有______、______、______等。

2. 从发电厂发出的电能，先经过______将电压升高，用______送到远方用户附近，再经过______降低电压，供给用户使用。

3. 电能的输送一般需经过______、______和______3 个环节。

4. 衡量电能质量的主要指标是：______、______和______。

二、选择题

1. 利用自然水力资源作为动力，通过水库或筑坝截流的方式提高水位，利用水流的位能驱动水轮机，由水轮机带动发电机而发电是（　　）。

A. 火力发电厂　　B. 水力发电厂　　C. 太阳能发电厂　　D. 原子能发电厂

2．一般情况下，输电距离在50km以下，采用（　　）。

A．10kV电压　　B．35kV电压　　C．110kV电压　　D．220kV电压

3．停止供电会造成大量减产，机器和运输停顿，城市的正常社会秩序遭受破坏。这类负荷属于（　　）。

A．一类负荷　　B．二类负荷　　C．三类负荷　　D．重要负荷

三、简答题

1．为什么说电是一种优质的能源？

2．对电力线路有哪些基本要求？

3．电气工作人员的从业条件是什么？若成为一名电气工作者，应该具有怎样的职业素质和职业道德？

模块二　触电与触电急救

在日常生活中，洗衣机、电冰箱、空调器、电视机、电风扇、电梯、……给人们的生活带来了许多方便和欢乐，这一切都是电的功劳。但是，当你不认真地驾驭它，不注意它的安全使用，不注意防范它的狰狞一面时，那些给你带来光明、带来欢乐、带来财富的“福星”将可能化为灰烬，并且可能夺取人的宝贵生命。

通过本模块的学习（操练），了解触电的起因，掌握安全用电、避免触电事故发生的方法，了解电流对人体的伤害、人体触电的方式及防范措施，初步掌握触电现场的诊断方法，能正确进行触电现场急救。

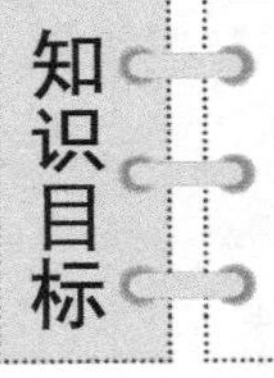

知识目标

- 了解电对人的伤害及防范措施
- 熟悉常见触电原因与安全用电知识

技能目标

- 掌握触电现场的诊断方法
- 能正确进行触电现场急救

情景模拟

“身体健康、生活美好”是每个人的愿望，但人们的一时疏忽，往往会祸从天降，伤害健康的身体，破坏美好的生活。

2003 年 11 月 14 日 9 时，某市郊电线被风刮断，掉入水田，造成一家祖孙三代触电身亡。

2004 年 7 月 7 日 9 时，某厂传输机准备停工检修，突然机器旁边的工人触电身亡。

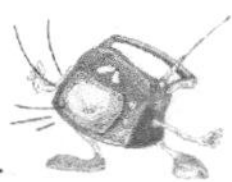

你知道吗，这些触电的起因都是用电不当，不注意安全防范，使“福星”变成面目狰狞的恶魔，给人类带来的光明、带来的欢乐、带来的财富化为乌有。那么，我们应该怎样正确地用好电，避免发生触电事故呢？让我们一起学习触电与触电急救方面的知识吧！

基础知识

知识一 电流对人体的伤害

触电事故是发生频率最高、最常见的电气事故，也是造成人身事故最多的电气事故。所谓触电是指电流通过人体时对人体造成生理和病理伤害。触电时电流对人体的危害是多方面的，主要有电击和电伤两种。

小贴士

人体组织中有60%以上由含有导电物质的水分组成，因此人体是个导体。

一、电击

电击是电流通过人体，破坏人体的心脏、神经系统、肺部等内部器官的正常工作而造成的伤害。按照发生电击时电气设备的状态，电击可分为直接接触电击和间接接触电击两类。直接接触电击是指人体直接触及正常运行的带电体所发生的电击，如图2-1所示。绝大部分触电死亡事故都是由电击造成的。间接接触电击是指电气设备发生故障后，人体触及意外带电体所发生的电击，如图2-2所示。

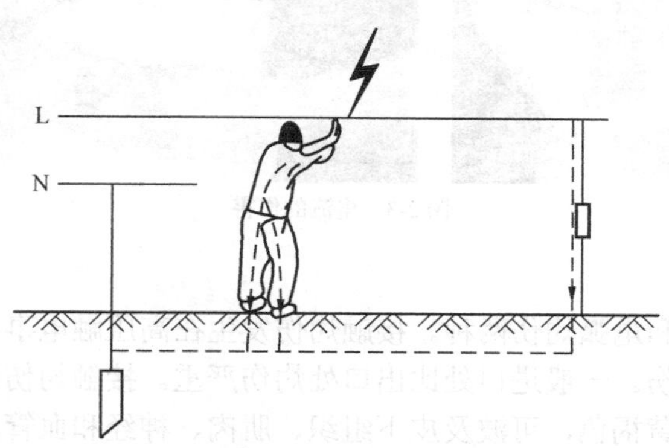

图2-1 直接电击

人体是导电体，人体的电阻（包括人体内阻和皮肤电阻）一般为800～1 000Ω。当人体接触带电体时，电流就通过人体与大地或其他导体形成闭合回路。电流通过人体，会引起麻感、针刺感、呼吸困难、痉挛、血压异常、灼热感、昏迷、心室颤动或心跳停止等现象。

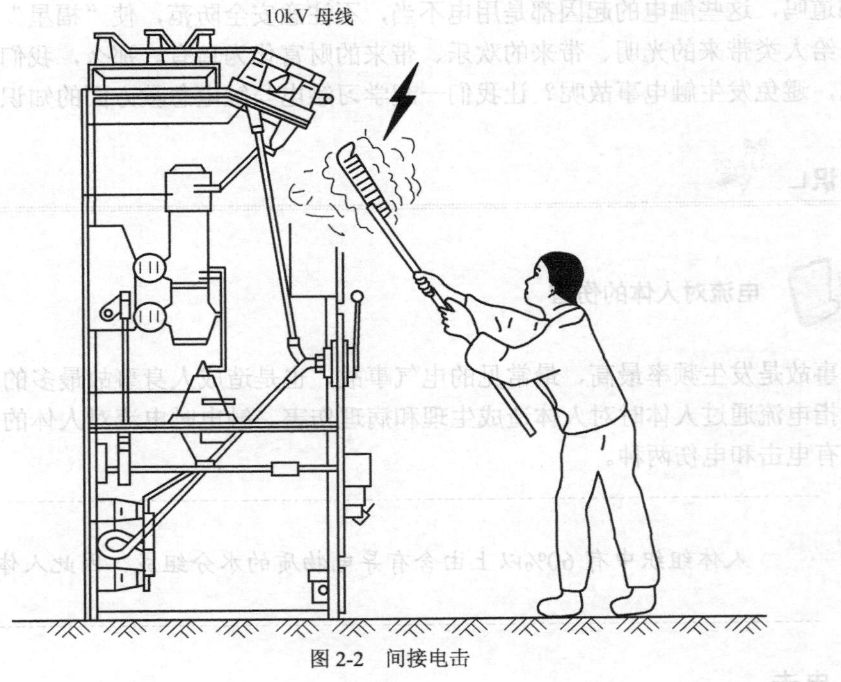

图 2-2　间接电击

二、电伤

电伤是由电流的热效应、化学效应、机械效应等对人体造成的局部伤害，如图 2-3 所示。电伤分电灼伤、电烙印和皮肤金属化等。

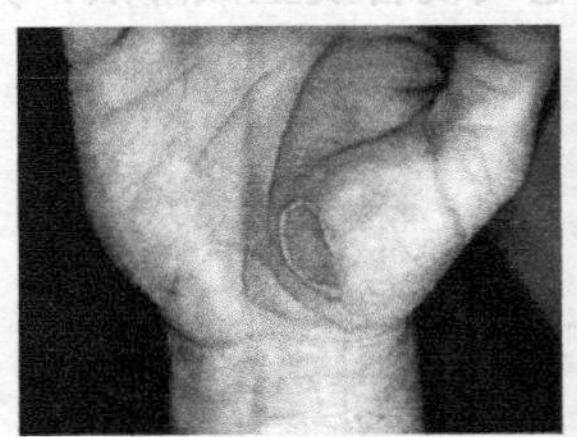
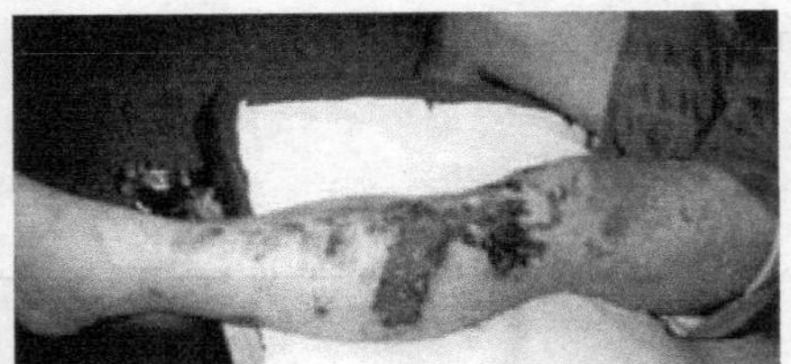

图 2-3　电流的伤害

1．电灼伤

电灼伤有接触灼伤和电弧灼伤两种。接触灼伤发生在高压触电事故时，电流通过人体皮肤的进出口处造成的灼伤。一般进口处比出口处灼伤严重。接触灼伤面积虽较小，但深度可达三度。灼伤处皮肤呈黄褐色，可波及皮下组织、肌肉、神经和血管，甚至使骨骼炭化。由于伤及人体组织深层，伤口难以愈合，有的甚至需要几年才能结痂。

电弧灼伤发生在误操作或人体过分接近高压带电体而产生电弧放电时。这时高温电弧将如火焰一样把皮肤烧伤。被烧伤的皮肤将发红、起泡、烧焦、坏死。电弧还会使眼睛受到严重损害。

2．电烙印

电烙印发生在人体与带电体有良好的接触的情况下，在皮肤表面将留下和被接触带电体

形状相似的肿块痕迹。有时在触电后并不立即出现，而是相隔一段时间后才出现。电烙印一般不发炎或化脓，但往往造成局部麻木和失去知觉。

3．皮肤金属化

由于电弧的温度极高（中心温度可达 6 000℃～10 000℃），可使其周围的金属熔化、蒸发并飞溅到皮肤表层而使皮肤金属化。金属化后的皮肤表面变得粗糙坚硬，肤色与金属种类有关，或灰黄（铅），或绿（紫铜），或蓝绿（黄铜）。金属化后的皮肤经过一段时间会自行脱落，一般不会留下不良后果。

必须指出，人身触电事故往往伴随着高空堕落或摔跌等机械性创伤。这类创伤虽起因于触电，但不属于电流对人体的直接伤害，可谓之触电引起的二次事故，也应列入电气事故的范畴。

在触电伤亡事故中，纯电伤性质的及带有电伤性质的约占 75%（其中电灼伤约占 40%）。大约 85%以上的触电死亡事故是电击造成的。因此，对专业电工自身的安全而言，预防电击和电伤具有特别重要的意义。

三、触电对人体的危害程度

触电对人体的危害程度严重与否，主要取决于电流强度、持续时间、电压高低、电流频率、电流途径以及人的身体状况。

1．电流强度的影响

触电时流过人体的电流强度不同，引起人体的不适反应和造成的危害也不同。流过人体的电流越大，对人体的危害也越大。按照电流通过人体的不同生理反应，一般将电流分为感知电流、摆脱电流和致命电流 3 种。科学实验认为，大于 10mA 的交流电流或大于 50mA 的直流电流流过人体时，人体就很难自主摆脱带电体，就有可能危及生命。

人体能够摆脱在手中导电体的最大电流值称为安全电流。

触电电流大小对人体的伤害程度如表 2-1 所示。

表 2-1　不同电流通过人体时产生的反应

电流（mA）	交流电（50Hz）	直　流　电
0.6～1.5	手指开始感觉发麻	没有感觉
2～3	手指感觉强烈发麻	没有感觉
5～7	手指肌肉感觉痉挛	手指感觉灼热和刺痛
8～10	手指关节与手掌感觉痛，手开始难于脱离电源，但尚能摆脱	手指感觉灼热，较 5～7mA 时更强烈
20～25	手指感觉剧痛，不能摆脱电源，呼吸困难	灼热感很强，手的肌肉痉挛
50～80	呼吸麻痹，心室开始震颤	强烈灼热，手指肌肉痉挛，呼吸困难
90～100	呼吸麻痹，持续 3s 或更长时间后心脏麻痹或心房停止跳动	呼吸麻痹
>500	延续 1s 以上有死亡危险	呼吸麻痹，心室颤动，心跳停止

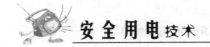

2. 持续时间的影响

触电电流通过人体的持续时间越长，对人体的伤害越严重。触电时间长，人体电阻因出汗等原因而下降，使触电电流加大，后果就更严重。此外，心脏每收缩、扩张一次，中间约有 0.1s 的间歇，这 0.1s 称为心室肌易损期，对电流最敏感，如果电流在此时流过心脏，即使电流很小也会引起心室颤动。

3. 电压高低的影响

触电电压越高，对人体的危害越大。触电致死的主要因素是通过人体的电流，根据欧姆定律，电阻不变时电压越高电流就越大，因此人体触及带电体的电压越高，流过人体的电流就越大，受到的伤害就越大。这就是高压触电比低压触电更危险的原因。此外，高压触电往往产生极大的弧光放电，强烈的电弧可以造成严重的烧伤或致残。

不危及人体安全的电压称为安全电压。我国规定的基本安全电压为 36V 及 36V 以下，它是允许长期接触电压的最大值。但是，人体所处环境不同，安全电压也不同。例如在游泳池里，人体皮肤电阻接近于零（人体电阻约 500Ω），而且受到触电伤害后还可能导致淹死等二次伤害。

我国划分交流电高压和低压，是以 500V 或设备对地电压 250V 为界；且规定 36V 以下为安全电压，同时把安全电压值分为 42V、36V、24V、12V 和 6V 5 个等级。

4. 电流频率的影响

电流频率对触电的危害程度有很大的影响，有关资料表明，交流电流比直流电流对人体的伤害要大，而频率 25～300Hz 的交流电流对人体的伤害最为严重。高于或低于这个频率范围的电流，对人体的伤害相对来说要轻些。由此可见，我们广泛使用的 50Hz 工频交流电，虽然对设计电气设备比较合理，但对人体触电的伤害却最为严重。

我国交流电频率为 50Hz，称“工频”。当交流电的频率太低或不稳定时，会使电动机转速不稳定，自动控制装置失灵。国家规定交流电频率偏差范围为 ±0.2Hz。

5. 电流途径的影响

电流流过人体的途径与触电危害程度有直接的关系。电流流过头部，会使人昏迷；电流流过心脏，会引起心室颤动；电流流过中枢神经系统或脊椎，会引起呼吸停止或肢体瘫痪等。因此，电流流过这些要害部位，对触电者的危害程度最为严重。由此可见，触电电流从左手到胸部以及从左手到右脚是最危险的途径。触电电流从手到手，从右手到胸部以及右手到脚也是十分危险的途径。相对来说，触电电流从脚到脚，危害程度要稍轻些。但是，触电时人体双脚剧烈痉挛，人倒地后就有可能导致最危险的电流途径，引起极为严重的触电伤害。

6. 人体身体状况的影响

人体身体状况不同，触电时受到伤害的程度也不同。例如，人体皮肤有无破损，干燥或潮湿，人体本身的健康状态等。患有心脏病、神经系统、呼吸系统疾病的人，在触电时受到

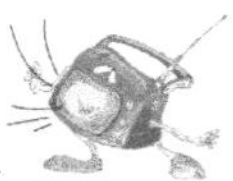

伤害的程度比正常人要严重。一般来说，女性较男性对电流的刺激更为敏感，感知电流和摆脱电流的能力要低于男性。儿童触电比成人触电更为严重。

电流对人体的危害过程是复杂的，必须指出的是，触电时不论流过人体的电流途径是哪种形式，心脏都有电流流过，只是电流大小不同而已。此外，触电时人体受到的伤害可能只是某一种，但更多的情况是电击、电伤等几种伤害同时发生，危害程度要严重得多。

请同学们上网或查阅相关资料，了解触电对人体危害的案例，并在课堂上或课余时间与同学进行交流。

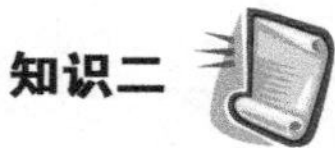

常见触电原因和类型

一、发生触电事故的原因

发生触电事故的原因是多种多样的，主要原因可以归纳为以下几点。

（1）思想上对安全生产不重视，存在麻痹大意和侥幸心理。

（2）不遵守电气设备安装规程、检修规程、运行规程、安全操作规程是造成触电事故最主要的原因。例如电器照明装置安装不当（相线未接在开关上、灯头离地面过低等）；室内、外配电装置的最小安全径距不够；架空线路的对地距离及交叉跨越的最小距离不合要求；导线穿墙无套管；室内配电装置的各通道的最小宽度小于规定值；落地式变压器无围栏；电动机安装不合理等。

（3）电气线路、电气设备安装不规范，存在绝缘老化等缺陷，又缺乏正常的维护检查。

（4）电气设备接地（零）装置安装维护不良。

（5）缺乏安全用电知识，缺乏必要的安全装置，也是引起违章作业和引发、扩大触电事故的一个重要原因。

（6）其他偶然因素，如人体受雷击等。

二、常见触电类型

常见触电种类多种多样，主要分为直接接触和间接接触两大类。

1．直接接触

直接接触是指在电气设备正常运行的情况下，人体与大地互不绝缘（如工作时未穿绝缘鞋），人体的某一部位触及带电导体造成触电。直接接触可分为单相触电和两相触电两种类型。

（1）单相触电。在三相四线制中性点接地的电力系统中，人站在地面或与大地相连的导电物体上（人体与大地不绝缘），当手、脚等部位触及一相导线时，就有电流通过人体，经大地和接地装置构成回路。此时，作用于人体的电压为相电压（220V），如图 2-4 所示。

在带电工作时，虽然工作人员穿了绝缘鞋或站在绝缘物体上，人体与大地绝缘，但是由于疏忽或其他原因，也有可能造成单相触电，如图 2-5 所示。电源相电压（220V）作用在电气设备和人体上，电气设备的内阻较小（数欧至数百欧），此时通过人体的电流可按下式计算：

$$I_{人}=\frac{220}{R_N+R_{人}}$$

式中：$I_{人}$——通过人体的电流（安）；

$R_{人}$——人体的内阻（欧）；

R_N——电气设备的内阻（欧）。

设人体电阻为 1 000Ω，电气设备的内阻为 100Ω，则 $I_{人}=\frac{220}{100+1000}=0.2(\text{A})=200\text{mA}$。这样大的电流通过人体将是十分危险的。

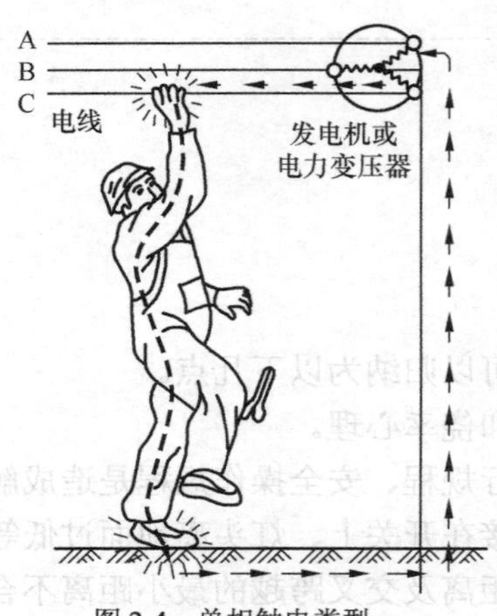

图 2-4　单相触电类型一

图 2-5　单相触电类型二

上述类型的单相触电造成的后果均很严重。据统计，单相触电约占总触电事故的 95%以上。因此，预防单相触电是安全用电的主要内容。

（2）两相触电。当人体的不同部位分别同时触及两相导线，或同时触及电气设备不同相位的两个带电部分时，电流由一相导线经人体至另一相导线而构成闭合回路，这就是所谓的两相触电，如图 2-6 所示。此时，人体处在线电压作用下（380V），通过人体的电流更大，危害也大，因此两相触电在触电中后果最严重。

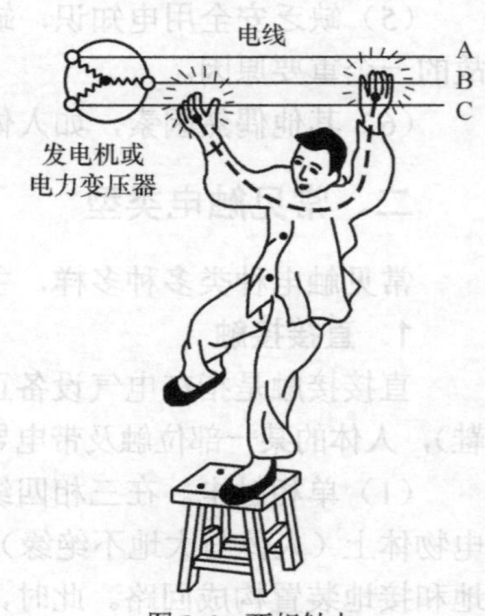

图 2-6　两相触电

2．间接接触

间接接触是指电气设备在发生故障的条件下，接触电压或跨步电压造成的触电。其后果的严重程度决定于接触电压或跨步电压的大小。

（1）电位分布曲线。电气设备在正常运行时，外壳等部位是不带电的。但其绝缘失效损坏时，会使相线碰壳短路接地而使设备外壳带电。故障设备外壳的电压为设备的对地电压，而设备外壳与接地体直接连接为等电位，因此这个电位较高。同时，短路接地电流从接地体向四周呈同心圆散流，在地面上呈现出不同的电位。随着与接地体距离的增加，接地电流逐渐减小，电位也越来越低。距离接地体 20m 处，电流极小，电位为零。由接地体的高电位处至 20m 外的零电位的电

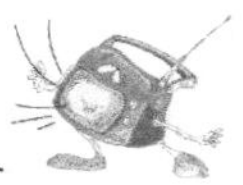

位分布曲线如图 2-7 所示。同样，当带电导线碰地时，也存在着电位分布曲线。

（2）接触电压。当电气设备相线碰壳短路接地时，如果手接触设备的外壳，而两脚站在离接地体一定距离的地方（脚与大地不绝缘），手接触的电位为设备对地电压 U_1，两脚站立地点的电位为 U_2，两者之间的电位差 U 即为接触电压。

（3）跨步电压。当电气设备相线碰壳短路接地，或带电导线碰地时，人体虽然没有接触带电设备外壳或带电导线，但是跨步行走在电位分布曲线的范围内，地面上距离 0.8m（一般人行走时两脚跨步的距离）的两个点间的电位差即为跨步电压，如图 2-8 所示。

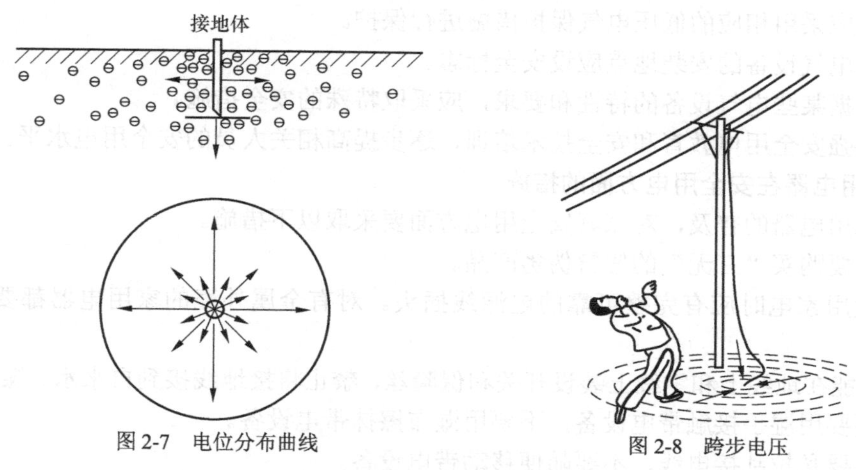

图 2-7　电位分布曲线　　图 2-8　跨步电压

如果是高压设备相线碰壳短路接地，或者高压电线碰地，接触电压和跨步电压都是很高的，对人体的危害很严重。

综上所述，常见的人体触电形式归纳起来有：单相触电、两相触电和跨步电压触电 3 种。

三、触电者的临床表现

人体触电时的常见临床表现有如下几种。

（1）假死。所谓假死，即触电者丧失知觉、面色苍白、瞳孔放大、脉搏和呼吸停止。假死可分为 3 种类型：心跳停止，尚能呼吸；呼吸停止，心跳尚存，但脉搏很微弱；心跳、呼吸均停止。由于触电时心跳或呼吸是突然停止的，虽然中断了供血供氧，但人体的某些器官还存在微弱活动，有些组织的新陈代谢还在进行，加之一般体内重要器官并未损伤，只要及时进行抢救，就有救活的可能。

（2）局部电灼伤。触电者神志清醒，电灼伤常见于电流进出人体的接触处，进口处的伤口常为一个，出口处的伤口有时不止一个。电灼伤的面积有时较小，但较深，大多为三度灼伤，灼伤处呈焦黄色或褐黑色，伤面与正常皮肤有明显的界限。

（3）伤害较轻。触电者神志尚清醒，只是有些心慌、四肢发麻、全身无力，一度昏迷，但未失去知觉，出冷汗或恶心呕吐等。

四、预防电气事故发生的措施

1．电气设备在安全用电方面的措施

为了确保人身和设备安全，预防电气事故的发生，对电气设备在安全技术方面要采取以

下措施。

(1) 对于裸露于地面和人身容易触及的带电设备，应采取可靠的防护措施。

(2) 设备的带电部分与地面及其他带电部分应保持一定的安全距离。

(3) 易发生过电压的电力系统，应有避雷针、避雷线、避雷器、保护间隙等过电压保护装置。

(4) 低压电力系统应有接地、接零保护措施。

(5) 对各种高压用电设备应采取装设高压熔断器和断路器等不同类型的保护措施；对低压用电设备应采用相应的低压电气保护措施进行保护。

(6) 在电气设备的安装地点应设安全标志。

(7) 根据某些电气设备的特性和要求，应采取特殊的安全措施。

(8) 加强安全用电教育和安全技术培训，逐步提高相关人员的安全用电水平。

2. 家用电器在安全用电方面的措施

随着家用电器的普及，对家庭安全用电方面要采取以下措施。

(1) 不要购买“三无”的假冒伪劣产品。

(2) 使用家电时应有完整可靠的电源线插头。对有金属外壳的家用电器都要采用接地保护。

(3) 不能在地线上和零线上装设开关和保险丝，禁止将接地线接到自来水、煤气管道上。

(4) 不要用湿手接触带电设备，不要用湿布擦抹带电设备。

(5) 不要私拉乱接电线，不要随便移动带电设备。

(6) 检查和修理家用电器时，必须先断开电源。

(7) 家用电器的电源线破损时，要立即更换或用绝缘布包扎好。

(8) 家用电器或电线发生火灾时，应先断开电源再灭火。

触电事故的发生往往很突然，而且在极短的时间内造成严重的后果。但触电事故也有一些规律，根据这些规律，可以减少和防止触电事故的发生。请同学们上网查阅相关资料，并在课堂上或课余时间与同学进行交流：发生触电事故的一些规律。

知识三 触电急救和紧急处理

一旦发现有人触电，周围人员首先应迅速拉闸断电尽快使其脱离电源，对触电者进行现场急救。触电急救的要点：抢救迅速与救护得法。即用最快的速度在现场采取措施，保护伤员的生命，减少其痛苦，并根据伤情需要，迅速联系医疗部门救治。即使触电者失去知觉，心脏停止，也不能轻率地认定触电死亡，而应看做是假死。每个从事电气工作的人员必须熟练掌握触电急救方法。

心脏是人体的薄弱环节，是触电时人体最受威胁的器官。

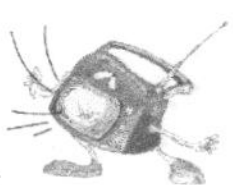

一、迅速脱离电源

1．脱离低压电源的方法

使触电者脱离低压电源的方法可用“拉”、“切”、“挑”和“拽”4 个字来概括，具体方法如表 2-2 所示。

表 2-2　使触电者脱离低压电源的几种方法

方　法	示 意 图	说　明
拉		指就近拉开电源开关、拔出插销或瓷插保险。此时应注意拉线开关和扳把开关是单极的，只断开一根导线，有时由于安装不符合规程要求，把开关安装在零线上。这时虽然断开了开关，人身触及的导线可能仍然带电，这就不能认为已切断电源
切		指用带有绝缘柄的利器切断电源线。当电源开关、插座或瓷插保险距离触电现场较远时，可用带有绝缘手柄的电工钳或有干燥木柄的斧头、铁锨等利器将电源线切断。切断时应防止带电导线断落触及周围的人体。多芯绞合线应分相切断，以防短路伤人
挑		如果导线搭落在触电者身上或压在身下，这时可用干燥的木棒、竹竿等挑开导线或用干燥的绝缘绳套拉导线或触电者，使之脱离电源
拽		救护人可戴上手套或在手上包缠干燥的衣服、围巾、帽子等绝缘物品拖拽触电者，使之脱离电源。如果触电者的衣裤是干燥的，又没有紧缠在身上，救护人可直接用一只手抓住触电者不贴身的衣裤，将触电者拉脱电源。但要注意拖拽时切勿触及触电者的体肤。救护人也可站在干燥的木板、木桌椅或橡胶垫等绝缘物品上，用一只手把触电者拉脱电源

2．脱离高压电源的方法

由于装置的电压等级高，一般绝缘物品不能保证救护人的安全，而且高压电源开关距离现场较远，不便拉闸，因此，使触电者脱离高压电源的方法与脱离低压电源的方法有所不同，通常的做法如下。

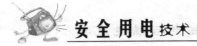

（1）立即电话通知有关供电部门拉闸停电。

（2）如电源开关离触电现场不远，则可戴上绝缘手套，穿上绝缘靴，拉开高压断路器，或用绝缘棒拉开高压跌落保险以切断电源。

人体能够摆脱导电体的最大电流约为10mA。

（3）往架空线路抛挂裸金属软导线，人为造成线路短路，迫使继电保护装置动作，从而使电源开关跳闸。抛挂前，将短路线的一端先固定在铁塔或接地引下线上，另一端系重物。抛掷短路线时，应注意防止电弧伤人或断线危及人员安全，也要防止重物砸伤人。

（4）如果触电者触及断落在地上的带电高压导线，且尚未确认线路无电之前，救护人不可进入断线落地点10m的范围内，以防止跨步电压触电。进入该范围的救护人员应穿上绝缘靴或临时双脚并拢跳跃地接近触电者。触电者脱离带电导线后应迅速将其带至10m以外立即开始触电急救。只有在确认线路已经无电时，才可在触电者离开触电处后进行就地急救。

二、急救原则和诊断方法

1．现场急救原则

现场急救的原则是：迅速、就地、准确、坚持。

（1）迅速就是要动作迅速，切不可惊慌失措，争分夺秒、千方百计地使触电者脱离电源，并将触电者放到安全地方。

（2）就地就是要争取时间。在现场（安全地方）就地抢救触电者。

（3）准确就是抢救的方法和实施的动作姿势要正确。

（4）必须坚持急救到底，直到医务人员判定触电者已经死亡，无法抢救时，才能停止抢救。

2．现场诊断方法

若触电者神志清醒，仅心慌、四肢发麻、无力等，或虽然昏迷但较快恢复知觉，应使其就地平躺安静休息，并注意保暖和观察。

若触电者神志不清，失去知觉，应使其就地平躺，头部后仰，以保持气道畅通。救护人员立即采用看、听、摸等简单方法，判断触电者受伤害的严重程度，如图2-9所示。

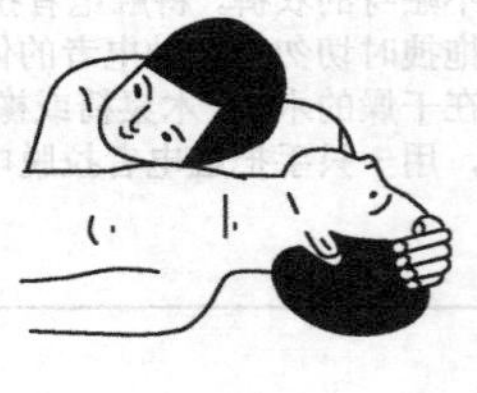

（a）听

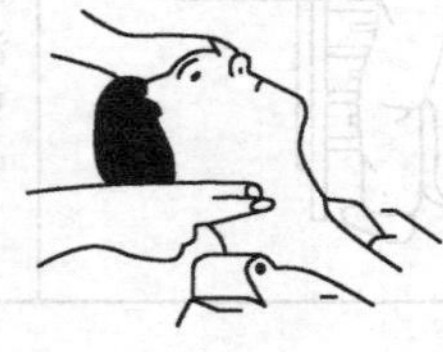

（b）摸

（c）看

图2-9　触电现场诊断方法

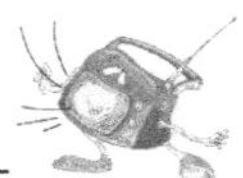

（1）救护者耳朵贴近触电者的口鼻处，听是否有呼吸声。

（2）救护者将手放在触电者口鼻处，测试是否有呼吸气流。

（3）救护者耳朵贴近触电者胸前心脏部位，听是否有心脏跳动声。

（4）救护者手指轻摸触电者颈动脉，感觉是否有搏动，以判断有无心跳。

（5）看触电者胸腹部有无起伏，有无外伤，瞳孔是否放大。

若触电者呼吸停止，但心脏还跳动，应立即采用口对口人工呼吸法进行抢救。若触电者虽有呼吸但心跳停止，应立即采用人工胸外心脏挤压法进行抢救。若触电者伤害严重，心跳和呼吸都已停止，或瞳孔开始放大，应立即同时采用口对口人工呼吸法和人工胸外心脏挤压法进行抢救。要注意的是，严禁对触电者使用强心针，以防止引起心室颤动而加速死亡。

三、急救操作方法

口对口人工呼吸法和人工胸外心脏挤压法，是用人工方法强迫触电者血液流动和呼吸，以逐步恢复其心脏自主跳动和自主呼吸。实践证明，这两种方法易学有效，操作简单。

人工呼吸和胸外心脏挤压是现场急救的基本方法。

1．口对口人工呼吸急救法

当触电者呼吸停止但还有心脏跳动时，应采用口对口人工呼吸急救法进行抢救，如图 2-10 所示。

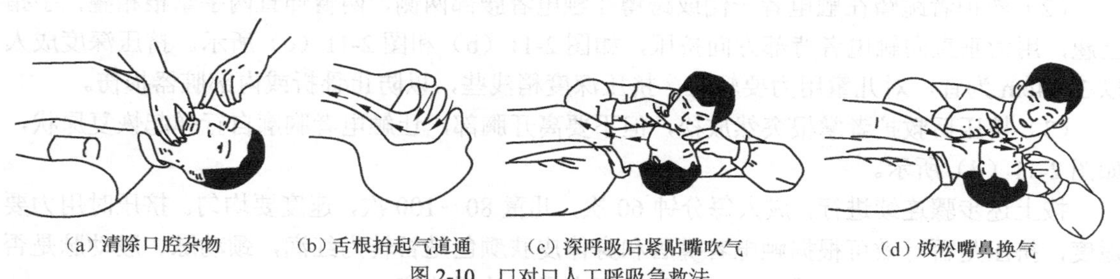

（a）清除口腔杂物　（b）舌根抬起气道通　（c）深呼吸后紧贴嘴吹气　（d）放松嘴鼻换气

图 2-10　口对口人工呼吸急救法

（1）使触电者仰卧，迅速松开紧身衣服及裤带，掰开嘴巴，清除口腔中假牙、黏液等杂物。救护者一只手放在触电者前额，另一只手将其下颌骨轻轻向上抬起，使触电者头部后仰，鼻孔朝上，舌根随之抬起，以便气道畅通，如图 2-10（a）所示。注意不要在触电者头部垫枕头等物品，这样反而使其气道阻塞加重。

（2）救护者跪蹲在触电者身旁，一只手捏紧触电者的鼻孔防止漏气，另一手将其下巴拉向前下方，使嘴巴张开，准备接受吹气，如图 2-10（b）所示。

（3）救护者深吸气后，立即俯身紧贴触电者的嘴巴吹气，如图 2-10（c）所示。注意不要漏气。如果掰不开嘴巴，也可紧贴鼻孔吹气，但要捂住嘴巴防止漏气。

（4）吹气完毕，立即离开触电者嘴巴，并放松捏紧的鼻孔，让触电者胸部缩回自由排气，如图 2-10（d）所示。

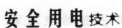

按上述步骤连续不断地进行，成人每分钟 12 次（吹 2s，停 3s）。吹气时注意观察触电者胸部起伏情况，以调节吹气量。对儿童可不捏紧鼻孔，让其自由漏气，并注意吹气量不要过大，避免引起肺泡破裂。

"口对口人工呼吸急救"口诀：
张口捏鼻手抬颌，深吸缓吹口对紧；
张口困难吹鼻孔，5 秒一次坚持吹。

2．人工胸外心脏挤压法

当触电者虽有呼吸但心跳停止，应采用人工胸外挤压抢救法，如图 2-11 所示。

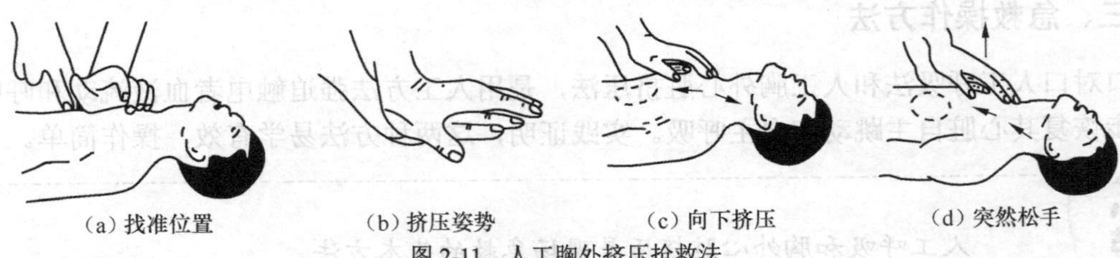

（a）找准位置　（b）挤压姿势　（c）向下挤压　（d）突然松手

图 2-11　人工胸外挤压抢救法

（1）使触电者仰卧，保持气道畅通（姿势和口对口人工呼吸法一样）。后背着地处的地面必须平整牢固，然后找准正确的按压位置（正确按压位置为：右手沿触电者的右侧肋弓下缘向上，找到触电者右侧肋骨和胸骨接合处的中点，右手中指放在中点上，食指并齐平放在胸骨下部，另一手的掌根紧挨食指上缘放在胸骨上），如图 2-11（a）所示。

（2）救护者跪蹲在触电者一侧或跨蹲在触电者腰部两侧，两臂伸直两手掌根相叠，手指上翘，用力垂直向触电者背部方向挤压，如图 2-11（b）和图 2-11（c）所示。挤压深度成人以 3～4cm 为宜，对儿童用力要轻些，挤压深度稍浅些，以防止骨折或内部脏器损伤。

（3）挤压后救护者掌根突然放松，但不要离开胸部，让触电者胸廓自行弹起恢复原状，如图 2-11（d）所示。

按上述步骤连续进行，成人每分钟 60 次，儿童 80～100 次，速度要均匀。挤压时用力要适度，挤压是否有效可根据触电者嘴唇和身体皮肤颜色是否转为红润，颈动脉、股动脉是否有跳动来判断。如摸不到搏动，应加强挤压力量，放慢速度。

"人工胸外心脏挤压法"口诀：
掌根下压不冲击，突然放松手不离；
手腕略弯压一寸，一秒一次较适宜。

3．心跳、呼吸全停止时的抢救

如果触电者心跳和呼吸都停止，应同时进行口对口人工呼吸和人工胸外心脏挤压。单人抢救时，每按压 15 次后吹气 2 次，反复进行。如果是两人同时抢救，一人先按压 5 次，另一人再吹气 1 次，反复进行，如图 2-12（a）和图 2-12（b）所示。

4．坚持抢救不中断

抢救过程中，若触电者出现眼皮跳动、嘴唇微动等好转现象，可暂停吹气数秒钟，让其

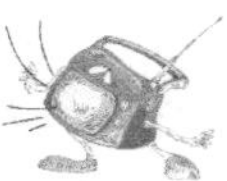

自主呼吸，如心跳、呼吸全停止时的抢救仍不能完全恢复自主呼吸，则应继续进行口对口人工呼吸，直到触电者恢复自主呼吸为止。若自主呼吸已恢复而心跳未恢复，可暂停人工呼吸，但仍应坚持人工胸外心脏挤压，不可停止。经验证明，触电者的“假死”，往往要经过数小时连续的救护才能逐步恢复自主呼吸和心跳。因此，一定要坚持救护，决不可轻易放弃，只有经医生确认或触电者已出现尸斑、瞳孔散大等死亡症状时，才可停止抢救。此外，将触电者送往医院时，担架上应放置硬木板，以便运送途中继续进行心肺复苏抢救。

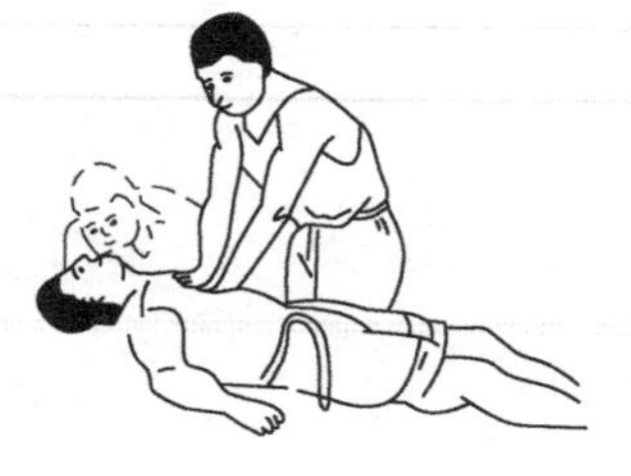

（a）单人操作

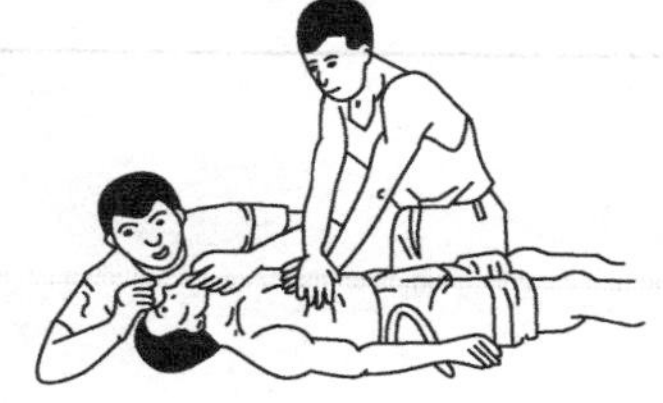

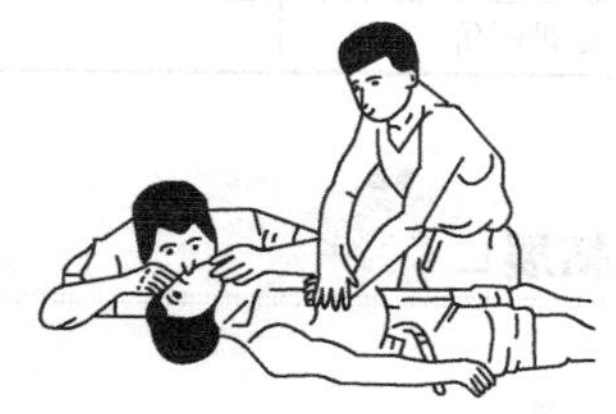

（b）双人操作

图 2-12 心跳、呼吸全停止时的抢救

在现场急救中，不能使用强心针和用冷水泼。

四、外伤救护方法

触电事故发生时，触电者常会出现各种外伤，如皮肤创伤、渗血与出血、摔伤、电灼伤等。外伤救护的一般方法如表 2-3 所示。

表 2-3 外伤的救护方法

外伤现象	救护方法
一般性的外伤剖面	先用无菌生理盐水或清洁的温开水冲洗，再用消毒纱布或干净的布包扎，然后将伤员送往医院
伤口大面积出血	立即用清洁手指压追出血点上方，也可用止血橡皮带使血流中断。同时将出血肢体抬高或高举，减少出血量，并火速送医院处理。如果伤口出血不严重，可用消毒纱布或干净的布料叠几层，盖在伤口处压紧止血
高压触电造成的电弧灼伤	先用无菌生理盐水或干净冷水冲洗，有条件的再用酒精涂擦，然后用消毒被单或干净布片包好，速送医院处理
因触电摔跌而骨折	应先止血、包扎，热后用木板、竹竿、木棍等物品将骨折枝体临时固定，送医院处理。若发生腰椎骨折时，应将伤员平卧在硬木板上，并将腰椎躯干及两侧下肢一并固定，搬动时要数人合作，保持平稳，不能扭曲
出现颅脑外伤	应使伤员平卧并保持气道通畅。若有呕吐，应扶好头部和身体，使之同时侧转。当耳鼻有液体流出时，不要用棉花堵塞，只可轻轻拭去，以利于降低颅内压力

一、请同学们上网查阅相关资料，了解迅速脱离触电现场（电源）的案例，并在课堂上与同学进行交流。

二、利用人体模特做一做“口对口人工呼吸急救”或“心脏胸外挤压急救”的操作，并将触电现场急救的收获体会填写在表 2-4 中。

表 2-4　　触电现场急救实训记录表

项　　目	情 况 记 录
触电者症状	
诊断方法	
抢救步骤	
注意事项	
体会	
实训评价	

知识拓展

拓展 1　　触电案例回放

【回放一】　王某家今年新买一台电风扇，因家中三孔插座已被其他家用电器占用，所以将电扇的三孔插座改装成两孔插座，电扇外壳没有接地。接上电源，电扇转动后，他父亲看到电扇很高兴，就去摸电扇底座，"哇"的一声倒在电风扇底座边，如图 2-13 所示。王某看到父亲栽倒地上，急忙拔下电扇插头，并在赶来的村民们的帮助下送往医院。经医生检查，父亲已经误时较长，无法抢救而死亡。

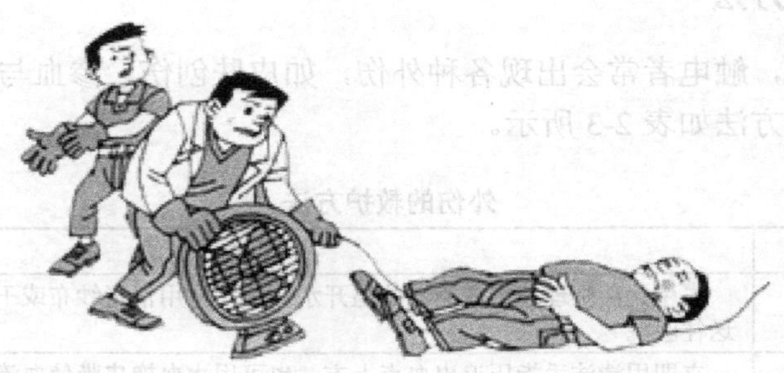

图 2-13　电风扇漏电引起触电事故

（1）案例分析。经电工打开电扇接线盒盖，检查接线，发现电线绝缘部分有破损，电线破损处接触电扇外壳。王某安装电扇时，没有用带接地线的三孔插座，私装电器又不按规程要求施工，致使电扇外壳与电线破损处接触而带电。因此，违章作业是造成这次事故的主要原因。

王某家没有安装漏电保护器也是造成触电死亡事故的原因之一。

（2）案例思考。

① 家用电风扇安装应找相应的专业人员（如电工），在未接电源前，应连同电源线用 500V 摇表摇测电线，电线对外壳绝缘电阻应在 1MΩ以上，方为合格。

② 电扇电源线应用有塑料护套的三芯线，三芯线中有黑色的线芯按电扇外壳保护接地线。如用两芯线及两孔插座时，应将电扇外壳接地，接地线应接在接地体上，接地体的接地

电阻要小于10Ω。

③ 移动电扇时，首先应切断电源，即将电扇电源插头拔下，不要只关电扇开关，不拔插头。

④ 电扇在使用之前，应注意检查电源线外皮绝缘是否良好，如发现擦伤、压伤、扭伤、老化等情况，应及时更换或进行绝缘处理。

⑤ 一旦发生触电事故，应首先切断电源，根据触电者的情况打急救电话。在等待急救车赶到时进行相应的急救措施，如进行人工呼吸等。

【回放二】 某市郊电杆上的电线被风刮断，掉在水田中。一小学生把一群鸭子赶进水田（见图2-14），当鸭子游到落地的断线附近时，一只只死去，小学生便下水田去拾死鸭子，未跨几步便被电击倒；爷爷赶到田边急忙跳入水田中拉孙子，也被击倒；小学生的父亲闻讯赶到，见鸭死人亡，又下田抢救也被电击倒。一家三口均死在水田中。

图2-14 鸭子游水田

事故分析：低压线（380V/220V系统）一相断落，落地点1m附近的跨步电压很高；一家三口缺乏电气安全知识，未立即切断电源，造成多人死亡的恶性事故。

事故教训：缺乏安全用电知识，后果严重。要重视安全用电知识教育，避免类似触电恶性事故的重演。

【回放三】 某厂车间一个操作工发现他的机床（见图2-15）带电，严重麻手，无法操作。

事故分析：用万用表测量机床，对地有29V电压。断开该机床电源，仍有29V对地电压，仔细检查未发现任何漏电的地方。当拆除保护接零线时，机床对地电压消失。再测其他机床均有29V对地电压。初步断定带电是由保护接零线引入的。当时，车间点亮4盏220V、200W白炽灯。当逐盏关闭4盏电灯时，机床对地电压逐渐下降直至消失，说明带电与零线电流有关。检查零线，发现25mm的铜芯橡皮线与35mm的铝芯橡皮线接头处表面生成一层白色粉末，使接头产生9.2Ω的电阻。4盏照明灯的电流在接头处产生电压降，使车间内零线带上29V对地电压。这个操作工穿布鞋，站立的地方又有积水，虽只有29V电压，也会产生麻手的感觉。

事故教训：此例说明，零线阻抗增大也会导致触电。应重视对电气线路、电气设备的检查和维护。

【回放四】 某厂熔窑停产检修。一名电工和一名焊工配合在高处焊一钢管（见图2-16）。电工站在金属梯子上，双手把着铁管一端，电焊工拖过焊把线对铁管另一端进行焊接。焊完后，电焊工从梯子上下来。他一手扶着刚焊好的铁管，另一手去扶金属梯子，突然触电摔倒，从20m多高的梯子上坠落下来，经多方抢救无效不幸身亡。

图2-15 球阀车间中的机床

图2-16 高空作业的工人

事故分析：原来电焊机的焊把相线从金属梯子上拉到高处作业点，焊把线外皮破损漏电，使金属梯带电，铁管一端焊完后，铁管已和地连通。当该电工下梯子时，电焊机的空载电压（70V）正加在他的两手之间。

事故教训：①电焊机的二次空载电压，虽然只有60～70V，但不是安全电压，故不能麻痹大意。②电焊机的焊把线绝缘必须完好，如有破损，应及时包扎好。③登高电工作业，不能使用金属材料制成的梯凳，而应该使用竹、木、玻璃钢等绝缘材料制成的登高用具，并且要按规定进行预防性试验，以保证检修人员的安全。④焊接时，焊件不应直接用手扶持，应用适当的绝缘夹件夹住或固定。⑤在高处作业时，要有防跌措施，如系安全带、挂接接地线和有人监护等，以防止触电者从高处坠落，造成二次事故。

【回放五】 缪某家住盐城，一家人来常熟做水产生意。7月的某天早晨，缪某起床后跑到卫生间，在给电加热器接上电源时，因为手上有水，碰上接线板后导致触电，摔倒在水池里。缪某的儿子听到声响跑到卫生间，切断了电源，拨打电话叫来救护车，可为时已晚，缪某离开了人世。

事故分析：电工在事故现场进行观察，发现房屋内电线乱接、乱搭严重，也没有安装漏电保护器。由于缪某手上有水，在接插电源（接线板）时碰上金属带电体而导致触电。因此，违章作业是造成这次事故的主要原因。

事故教训：①房屋内的电线不允许乱接、乱搭，更不能用湿手接触带电的插销。接插插头时，应注意身体不要与带电部位接触。②家庭用电线路一定要安装漏电保护器，电源插头要选用单相三极的。③平时要注意检查电源连接、电线外皮绝缘是否符合安全要求，检查电器具完好情况等，如果发现不符合安全规定或电器具有损坏，应及时纠正和更换。

【回放六】 临时工韩某与其他3名工人从事化工产品的包装作业。班长让韩某去取塑料纺织袋，韩某回来时一脚踏上盘在地上的电缆线上，触电摔倒，在场的其他工人急忙拉下闸刀，拽断电缆线，如图2-17所示。他们一边对韩某实施急救，一边报告领导并打120急救电话……待急救车赶到开始抢救时，韩某出现昏迷、呼吸困难、脸及嘴唇发紫、血压忽高忽低等症状。现场抢救20min后，送去医院继续抢救。住院特护12天，一般护理3天后病情稳定出院。

图2-17　电缆线头漏电事故

事故分析：安全管理人员得到通知后，立即赶到现场，并对事故现场进行了保护。现场调查发现，事故原因主要有以下几点。

（1）电缆线长约20m，由3种不同规格的电缆线拼接而成，而且线头包裹不好，以至于电线接线处漏电。

（2）事故现场未见漏电保护器，不能在触电事故发生时进行断电保护。

（3）当时阴雨连绵，加上该化工产品吸水性较强，造成电缆粘料潮湿，而韩某脚上布鞋被水浸透，也未能起到防电作用。

事故教训：①分析当时的情况，如果安装有可靠的漏电保护器，在电缆潮湿的情况下，保护器的开关可能根本合不上，根本不可能发生这起事故。即使开关能勉强合上，湿透的脚踏到线头上，漏电保护器的动作电流肯定会超过数倍而断电。所以在实际电路施工中，必须要安装触电保护设备。②电缆接头过多，给电缆的安全性带来了威胁，每一个接头都是触电的一个隐患，实际电缆铺设时应尽可能使用整段电缆，以提高输电线路的输送质量和安全性。③故障处理及时。发生了触电事故，立即切断电源，使伤员脱离继续受电流损害的状态，减少损伤程度，同时向医疗部门呼救，这是能抢救成功的首要因素。

拓展 2 如何拨打“120”

发生急、危、重病和意外受伤时，应立即拨打“120”电话，向医疗救护中心呼救。

拨打“120”电话时应注意以下几点。

（1）保持镇静，讲话要清晰、简练、易懂。“120”电话拨通后，应再问一句：“请问是医疗救护中心吗？”以免打错误事。

（2）必须说清需救护的事故、症状或伤情，患者的姓名、年龄、性别、住址，同时说清拨打人的姓名、电话号码以便进一步联系。

（3）要尽量提前接应救护车，见到救护车应主动挥手示意。

注意：在现场给患者作了急救处理，又叫来救护车把病人送到了医院好象可以放心了，但此时，决不可放松警惕，而应当把病人病倒时的状况，已作过什么应急处理，以及现在患的什么病，过去患过什么病等向医师作详细报告。医师根据报告才好找病因，才能尽早进行相应的适当的治疗。

拓展 3 漏电保护器简介

漏电保护器（漏电保护开关）是一种电气安全装置，如图 2-18 所示。将漏电保护器安装在低压电路中，当发生漏电和触电时，且达到保护器所限定的动作电流值时，就立即在限定的时间内动作，自动断开电源进行保护。

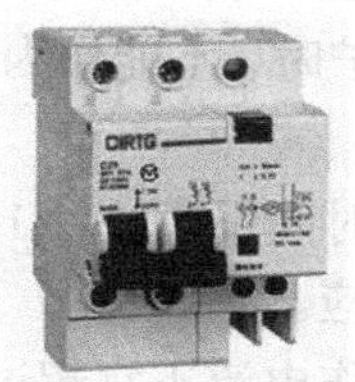

图 2-18 漏电电流动作保护器

漏电保护器为近年来推广采用的一种新的防止触电的保护装置。在电气设备中发生漏电

或接地故障而人体尚未触及时，漏电保护装置已切断电源；或者在人体已触及带电体时，漏电保护器能在非常短的时间内切断电源，减轻对人体的危害。

1．漏电保护器结构

漏电保护器主要由 3 部分组成：检测元件、中间放大环节、操作执行机构。

① 检测元件。由零序互感器组成，检测漏电电流，并发出信号。

② 放大环节。将微弱的漏电信号放大，按装置不同（放大部件可采用机械装置或电子装置），分为电磁式保护器和电子式保护器。

③ 执行机构。收到信号后，主开关由闭合位置转换到断开位置，从而切断电源，被保护电路脱离电网的跳闸部件。

漏电保护器作为触电伤亡事故的设备保护，已被广泛地应用于低配电系统中。

2．漏电保护器选用原则

在选用漏电保护器时应遵循以下主要原则。

（1）购买漏电保护器时应购买具有生产资质的厂家产品，且产品质量检测合格。

（2）应根据保护范围、人身设备安全和环境要求确定漏电保护器的电源电压、工作电流、漏电电流及动作时间等参数。

（3）电源采用漏电保护器做分级保护时，应满足上、下级开关动作的选择性。一般上一级漏电保护器的额定漏电电流不小于下一级漏电保护器的额定漏电电流，这样既可以灵敏地保护人身和设备安全，又能避免越级跳闸，缩小事故检查范围。

（4）手持式电动工具（除 III 类外）、移动式生活用家电设备（除 III 类外）、其他移动式机电设备，以及触电危险性较大的用电设备，必须安装漏电保护器。

（5）建筑施工场所、临时线路的用电设备应安装漏电保护器。这是《施工现场临时用电安全技术规范》（JGJ 46—88）中明确要求的。

（6）机关、学校、企业、住宅建筑物内的插座回路，宾馆、饭店及招待所的客房内插座回路，也必须安装漏电保护器。

（7）安装在水中的供电线路和设备以及潮湿、高温、金属占有系数较大及其他导电良好的场所，如机械加工、冶金、纺织、电子、食品加工等行业的作业场所，以及锅炉房、水泵房、食堂、浴室、医院等场所，必须使用漏电保护器进行保护。

（8）固定线路的用电设备和正常生产作业场所，应选用带漏电保护器的动力配电箱。临时使用的小型电器设备，应选用漏电保护插头（座）或带漏电保护器的插座箱。

（9）漏电保护器作为直接接触防护的补充保护时（不能作为唯一的直接接触保护），应选用高灵敏度、快速动作型漏电保护器。

一般环境选择动作电流不超过 30mA，动作时间不超过 0.1s，这两个参数保证了人体如果触电时，不会使触电者产生病理性生理危险效应。

在浴室、游泳池等场所漏电保护器的额定动作电流不宜超过 10mA。

在触电后可能导致二次事故的场合，应选用额定动作电流为 6mA 的漏电保护器。

（10）对于不允许断电的电气设备，如公共场所的通道照明、应急照明、消防设备的电源、

用于防盗报警的电源等，应选用报警式漏电保护器接通声、光报警信号，通知管理人员及时处理故障。

漏电保护装置的安装必须由经过技术培训考核合格的电工完成。

简而言之，选择漏电保护器时，应根据使用目的、供电方式、安装场所、电压等级、被控制电路的泄漏电流以及用电设备的接地情况等因素来确定。根据使用目的来选择时，一般根据直接接触触电防护和间接接触触电防护两种不同的要求来选用。

3. 漏电保护器安装方法

漏电保护器安装时除遵守常规的电气设备安装规程外，还应注意以下几点。

（1）漏电保护器的安装应符合生产厂家产品说明书的要求。

（2）标有电源侧和负荷侧的漏电保护器不得接反。如果接反，会导致电子式漏电保护器的脱扣线圈无法随电源切断而断电，以致长时间通电而烧毁。

（3）安装漏电保护器不得拆除或放弃原有的安全防护措施，漏电保护器只能作为电气安全防护系统中的附加保护措施。

（4）安装漏电保护器时，必须严格区分中性线和保护线。使用三极四线式和四极四线式漏电保护器时，中性线应接入漏电保护器。经过漏电保护器的中性线不得作为保护线。

（5）工作零线不得在漏电保护器负荷侧重复接地，否则漏电保护器不能正常工作。

（6）采用漏电保护器的支路，其工作零线只能作为本回路的零线，禁止与其他回路工作零线相连，其他线路或设备也不能借用已采用漏电保护器后的线路或设备的工作零线。

（7）安装完成后，要按照《建筑电气工程施工质量验收规范》（GB 50303—2002）中 3.1.6 条款，即“动力和照明工程的漏电保护器应做模拟动作试验”的要求，对完工的漏电保护器进行试验，以保证其灵敏度和可靠性。试验时可操作试验按钮 3 次，带负荷分合 3 次，确认动作正确无误，方可正式投入使用。

漏电保护器的安全运行要靠一套行之有效的管理制度和措施来保证。除了做好定期的维护外，还应定期对漏电保护器的动作特性（包括漏电动作值及动作时间、漏电不动作电流值等）进行试验，做好检测记录，并与安装初始时的数值相比较，判断其质量是否有变化。在使用中要按照使用说明书的要求使用漏电保护器，并按规定每月检查一次，即操作漏电保护器的试验按钮，检查其是否能正常断开电源。在检查时应注意操作试验按钮的时间不能太长，一般以点动为宜，次数也不能太多，以免烧毁内部元件。

漏电保护器在使用中发生跳闸，经检查未发现开关动作原因时，允许试送电一次，如果再次跳闸，应查明原因，找出故障，不得连续强行送电。

漏电保护器一旦损坏不能使用时，应立即请专业电工进行检查或更换。如果漏电保护器发生误动作和拒动作，其原因一方面是由漏电保护器本身引起的，另一方面是来自线路的缘由，应认真具体分析，不要私自拆卸和调整漏电保护器的内部器件。

4. 漏电保护器使用注意事项

（1）漏电保护器适用于电源中性点直接接地或经过电阻、电抗接地的低压配电系统。对于电源中性点不接地的系统，则不宜采用漏电保护器。因为后者不能构成泄漏电气回路，即使发生了接地故障，产生了大于或等于漏电保护器的额定动作电流，该保护器也不能及时动作，切断电源回路；显而易见，必须具备接地装置的条件，电气设备发生漏电时，且漏电电流达到动作电流时，才能在 0.1s 内立即跳闸，切断电源主回路。

（2）漏电保护器保护线路的工作中性线 N 要通过零序电流互感器，否则，在接通后，就会有一个不平衡电流使漏电保护器产生误动作。

（3）接零保护线（PE）不准通过零序电流互感器。因为保护线路（PE）通过零序电流互感器时，漏电电流经 PE 保护线又会穿过零序电流互感器，导致电流抵消，而互感器上检测不出漏电电流值。在出现故障时，造成漏电保护器不动作，起不到保护作用。

（4）控制回路的工作中性线不能进行重复接地。一方面，重复接地时，在正常工作情况下，工作电流的一部分经由重复接地回到电源中性点，在电流互感器中会出现不平衡电流。当不平衡电流达到一定值时，漏电保护器便产生误动作；另一方面，因故障漏电时，保护线上的漏电电流也可能穿过电流互感器的个性线回到电源中性点，抵消了互感器的漏电电流，而使保护器拒绝动作。

（5）漏电保护器后面的工作中性线 N 与保护线（PE）不能合并为一体。如果二者合并为一体，当出现漏电故障或人体触电时，漏电电流经电流互感器回流，结果又雷同于情况（3），造成漏电保护器拒绝动作。

（6）被保护的用电设备与漏电保护器之间的各线互相不能碰接。如果出现线间相碰或零线间相交接，会立刻破坏零序平衡电流值，而引起漏电保护器误动作；另外，被保护的用电设备只能并联安装在漏电保护器之后，接线保证正确，也不许将用电设备接在实验按钮的接线处。

“温馨提示”

掌握触电事故规律并找出触电原因，对适时而恰当地实施相关的安全技术措施、防止触电事故的发生，以及安排正常生产等都有重要意义。

思考与练习

一、填空题

1．所谓触电是指电流流过人体时对人体产生的______和______伤害。

2．触电原因是_______，人体是导体，电阻一定的情况下，根据_______，电压越高，通过人体的电流就_______，对人体的危害就_______。（选填“越大”“越小”或“不变”）

3．最常见的电伤有：_______、_______和_______ 3 种。

4．按照电流通过人体的不同生理反应，一般将电流分为_______、_______和_______ 3 种。

5．电击可分为_______和_______两种。

6．电击常会给人体留下较明显的特征：如_______、_______和_______。

7. 人体电阻主要包括_______和_______，一般约 1 500～2 000Ω（通常取 800～1 000Ω）。

8．我国划分交流电的高压和低压，是以_______或以相对电压_______为界，且一般将_______称为安全电压，而将_______称为绝对安全电压。

9. 我国把安全电压的额定值分为________、________、________、________和________5种等级。

10. 日常生活中安全用电的原则是：不接触________，不靠近________。

11. 常见的人体触电形式有________、________和________。

12. 触电现场抢救中，以________和________两种急救方法为主。

二、选择题（将正确答案的序号填入括号中）

1. 在一般情况下，人体所能感知的50Hz交流电可按（　　）mA考虑。

A. 100　　B. 50　　C. 10　　D. 1.5

2. 对人体危害最大的频率是（　　）Hz。

A. 2　　B. 20　　C. 30～100　　D. 200

3. 当人触电时，（　　）的路径是最危险的。

A. 左手到前胸　　B. 右手到脚　　C. 右手到左手　　D. 左手到右手

4. 存在高度触电危险的环境以及特别潮湿的场所应采用的安全电压为（　　）V。

A. 36　　B. 24　　C. 12　　D. 6

5.（　　）也称为正常情况下的电击。

A. 直接电击　　B. 间接电击　　C. 电灼伤　　D. 电烙印

6.（　　）是触电事故中最危险的一种。

A. 电烙印　　B. 皮肤金属化　　C. 电灼伤　　D. 电击

7. 人体组织中有（　　）以上是由含有导电物质的水分组成的，因此，人体是电的良导体。

A. 20%　　B. 40%　　C. 60%　　D. 80%

8. 触电时人体受威胁最大的器官是（　　）。

A. 心脏　　B. 大脑　　C. 皮肤　　D. 四指

9. 人体能够摆脱在手中的导体的最大电流值称为安全电流，约为（　　）mA。

A. 10　　B. 100　　C. 200　　D. 2 000

10. 人体需要长期触及器具上带电体的场所应采用的安全电压为（　　）V。

A. 42　　B. 35　　C. 24　　D. 6

11. 机床上的低压照明灯，其电压不应超过（　　）V。

A. 110　　B. 35　　C. 12　　D. 6

三、简答题

1. 电流对人体伤害程度的因素有哪些？

2. 什么叫安全电压？我国规定的安全电压有哪些等级？

3. 有人说，只有“高电压”才有危险，“低电压”没有危险，这话对吗？

4. 何为电击？如何区分电击和电伤？

5. 发生触电时应采取哪些救护措施？

6. 家庭安全用电有哪些措施？

模块三　电气火灾与扑救

电能作为一种既洁净又高效的能源，已经渗透到当今社会的每一个角落，电不仅是工业的血液，而且还是人们生活中不可缺少的一部分。但是，电在造福人类的同时，也会带来危害。据消防部门近几年统计，全国电气火灾在重特大火灾中所占的比例，已从20世纪80年代初期的8%，飙升到目前的40%。城市火灾事故中，因电气原因造成的火灾事故占第一位；农村火灾事故中，因电气原因造成的火灾事故占第二位。电气原因造成的火灾不但造成极大的经济损失，而且严重危及人们的生命安全。因此，对电气火灾应引起足够重视。

通过本模块实例的学习，了解电气火灾的成因，知道电气火灾防范措施，能正确地进行电气火灾扑救，了解电气火灾特点，熟悉消防安全常识，掌握火灾扑救的基本技能，将电气火灾降低到最低限度。

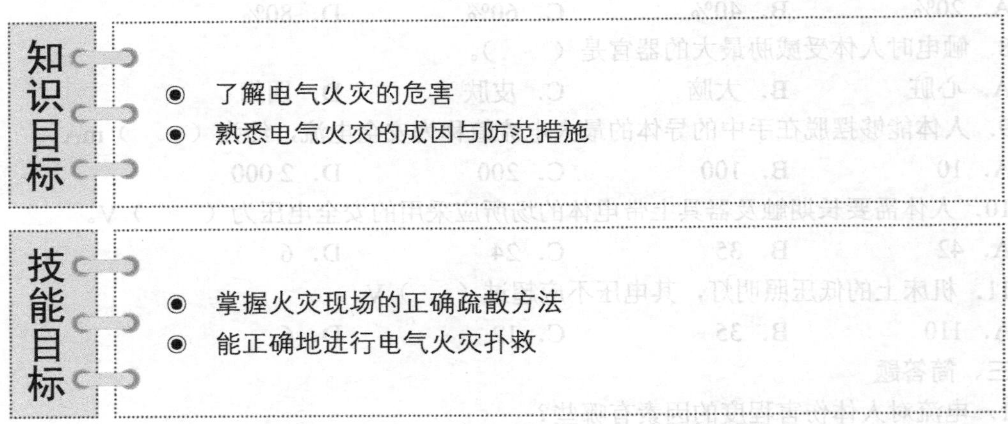

知识目标

- ◉ 了解电气火灾的危害
- ◉ 熟悉电气火灾的成因与防范措施

技能目标

- ◉ 掌握火灾现场的正确疏散方法
- ◉ 能正确地进行电气火灾扑救

情景模拟

火的应用是人类的进步，但不掌握它的规律，往往会给人们带来灾难，特别是电气火灾，会将我们所拥有的一切毁于一旦。

2009年1月11日，某市批发市场因电气线路短路引起火灾。直接财产损失2178.9万元。

2009 年 1 月 13 日，某省卫生厅办公楼，因插座内部故障产生高温引燃该插座、复印机及周围的可燃物，过火面积达 819 500m^2，建筑主体基本烧毁。17 个单位受灾，烧死 1 人、摔伤 1 人。直接财产损失 902.9 万元。

2009 年 5 月 29 日，某市木器家具厂，因电线老化引起火灾，烧毁厂房和大量生产设备及成品、半成品，直接损失 51 万元。

2009 年 7 月 27 日 17 时 50 分，某市林业工业总公司的货场，因工人使用“热得快”烧开水忘记切断电源，以致“热得快”长时间通电造成电线过热，绝缘损坏发生短路，引发火灾，74 户受灾，直接损失达 309.4 万元。

2009 年 9 月 14 日，某村在自己经营商店里用老化的电话线作电源线给电瓶充电导致负荷过大引起大火，烧毁房屋 163 间，91 户受灾，烧毁粮食 11.4 万斤，电视机 15 台及大批生产生活用品，直接财产损失 120 万元。

你知道吗，这些火灾都是用电不当，不注意安全防范，给人类带来损失的。让我们一起来学习电气火灾与扑救方面的知识吧！

知识一　电气火灾的成因

一、电气火灾的定义

电气火灾一般是指由于电气线路、用电设备（或器具）以及供配电设备等出现故障性释放热能而引发的火灾。

二、电气火灾的分类

电气火灾主要包括以下 4 个方面。

1．漏电火灾

所谓漏电，就是线路的某一个地方因为某种原因（自然原因或人为原因，如风吹雨打、潮湿、高温、碰压、划破、摩擦、腐蚀等）使电线的绝缘或支架材料的绝缘能力下降，导致电线与电线之间（通过损坏的绝缘、支架等）、导线与大地之间（电线通过水泥墙壁的钢筋、马口铁皮等）有一部分电流通过，这种现象就是漏电。

当漏电发生时，漏泄的电流在流入大地途中，如遇电阻较大的部位时，会产生局部高温，致使附近的可燃物着火，从而引起火灾。此外，在漏电点产生的漏电火花，同样也会引起火灾。

2．短路火灾

电气线路中的裸导线或绝缘导线的绝缘体破损后，火线与零线，或火线与地线（接地从属于大地）在某一点碰在一起，引起电流突然增大的现象就叫短路，俗称碰线、混线或连电。

由于短路时电阻突然减少，电流突然增大，其瞬间的发热量也很大，大大超过了线路正常工作时的发热量，并在短路点产生强烈的火花和电弧，不仅能使绝缘层迅速燃烧，而且能使金属熔化，引起附近的易燃可燃物燃烧，造成火灾。

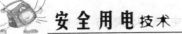

3．过负荷火灾

所谓过负荷是指当导线中通过电流量超过了安全载流量时，导线的温度不断升高，这种现象就叫导线过负荷。

当导线过负荷时，加快了导线绝缘层老化变质。当严重过负荷时，导线的温度会不断升高，甚至会引起导线的绝缘发生燃烧，并能引燃导线附近的可燃物，从而造成火灾。

4．接触电阻过大火灾

众所周知：凡是导线与导线、导线与开关、熔断器、仪表、电气设备等连接的地方都有接头，在接头的接触面上形成的电阻称为接触电阻。当有电流通过接头时会发热，这是正常现象。如果接头处理良好，接触电阻不大时，接头处的发热很少，可以在正常温度下工作。如果接头中有杂质，连接不牢靠或其他原因使接头接触不良，造成接触部位的电阻过大，当电流通过接头处时，就会在此处产生大量的热，形成高温。当较大电流通过接触电阻过大的电气线路时，就会产生极大的热量，从而造成火灾。

三、电气火灾的预防工作

电气火灾的预防工作主要是认真做好日常生活中以下几个方面事项。

（1）对用电线路进行巡视，以便及时发现问题。

（2）在设计和安装电气线路时，导线和电缆的绝缘强度不应低于网络的额定电压，绝缘子也要根据电源的不同电压进行选配。

当电气设备或电气线路发生火警时，应立即切断电源，防止火情蔓延和灭火时发生触电事故。

（3）安装线路和施工过程中，要防止划伤、磨损、碰压导线绝缘层，并注意导线连接接头质量及绝缘包扎质量。

（4）在特别潮湿、高温或有腐蚀性物质的场所内，严禁绝缘导线明敷，应采用套管布线，在多尘场所，线路和绝缘子要经常打扫，勿积油污。

（5）严禁乱接乱拉导线，安装线路时，要根据用电设备负荷情况合理选用相应截面的导线。并且，导线与导线之间、导线与建筑构件之间及固定导线用的绝缘子之间应符合规程要求的间距。

（6）定期检查线路熔断器，选用合适的保险丝，不得随意调粗保险丝，更不准用铝线和铜线等代替保险丝。

（7）检查线路上所有连接点是否牢固可靠，要求附近不得存放易燃物品。

请同学们对自己学校或住宅进行一次防火灾（特别是防电气火灾）工作的检查，并将检查后的意见写在下面空格中。

知识二 电气火灾扑救

一、灭火剂和灭火装置

室内电线或电气设备发生着火时，首先应拉开电源，并采用二氧化碳或四氯化碳灭火器来扑救，如图 3-1 所示。

电气灭火不可用水或泡沫灭火器灭火，尤其是有油类的火警，应采用黄沙、二氧化碳、1211、四氯化碳灭火器灭火。

图 3-1 电气着火用二氧化碳或四氯化碳灭火器

二、灭火装置的使用

灭火器是扑灭初起火灾的有效器具。家庭常用的灭火器主要有二氧化碳灭火器和干粉灭火器。正确掌握灭火器的使用方法，就能准确、快速地处置初起火灾。

1．二氧化碳灭火器的使用方法

二氧化碳灭火器的使用方法，如表 3-1 所示。

表 3-1 二氧化碳灭火器的使用方法

	示 意 图	使 用 方 法
使用方法	保险销 压把 压力表 指针应保持在绿色区域内 A 类火灾 B 类火灾 C 类火灾 喷嘴	先拔出保险销，再压合压把，将喷嘴对准火苗根部喷射

续表

应用范围	适用于A、B、C类火灾。A类火灾指固体物质火灾，如布料、纸张、橡胶、塑料等燃烧形成的火灾。B类火灾指液体火灾和可熔化的固体物质火灾，如可燃易燃液体和沥青、石蜡等燃烧形成的火灾。C类火灾指气体火灾，如煤气、天然气、甲烷、氢气等燃烧形成的火灾
注意事项	使用时要尽量防止皮肤直接接触喷筒和喷射胶管而造成冻伤。扑救电气火灾时，如果电压超过600V，切记要先切断电源后再灭火

2．干粉灭火器的使用方法

干粉灭火器的使用方法，如表3-2所示。

表3-2　干粉灭火器的使用方法

<table>
<tr><th colspan="2"></th><th>示意图</th><th>使用方法</th></tr>
<tr><td rowspan="5">使用方法</td><td>第1步</td><td></td><td>将灭火器提至现场</td></tr>
<tr><td>第2步</td><td></td><td>拉开保险销</td></tr>
<tr><td>第3步</td><td></td><td>将喷嘴朝向火苗</td></tr>
<tr><td>第4步</td><td></td><td>压合压把</td></tr>
<tr><td>第5步</td><td>我扫我扫，我扫扫扫！</td><td>左右移动喷射</td></tr>
<tr><td colspan="2">应用范围</td><td colspan="2">手提式ABC干粉灭火器使用方便、价格便宜、有效期长，为一般家庭所选用。它既可以扑救燃气灶及液化气钢瓶角阀等处的初起火灾，也能扑救油锅起火和废纸篓等固体可燃物质的火灾</td></tr>
<tr><td colspan="2">注意事项</td><td colspan="2">干粉灭火器在使用之前要颠倒几次，使筒内干粉松动。使用ABC干粉灭火器扑救固体火灾时，应将喷嘴对准燃烧最猛烈处左右移动喷射，尽量使干粉均匀地喷洒在燃烧物表面，直至把火全部扑灭</td></tr>
</table>

请同学们上网查阅电气灭火装置相关资料，并在课堂上或课余时间与同学进行交流。

拓展 1　火灾案例回放和典型案例分析

1．案例回放

【回放一】　超市、商场电气火灾案例

（1）2009 年 2 月 1 日，某工业品批发市场因使用电褥子引发大火（见图 3-2），直接财产损失 30.8 万元。

图 3-2　市场因用电不当引发大火

（2）2009 年 2 月 13 日，某专卖店，因电线短路引着服装造成火灾，烧毁毛线 3 000kg，皮衣 200 余件，直接财产损失 54.6 万元。

（3）2009 年 3 月 29 日 3 时，某音像俱乐部包间的石英管引起火灾，烧死 74 人，烧伤 2 人。烧毁建筑 80 000m^2 以及音像设备、家具等，直接损失达 20 万元。

（4）2009 年 6 月 9 日，某营业大厅因电闸箱线路短路引发火灾。过火面积 270 000m^2，烧死 1 人，直接财产损失 80 万元。

（5）2009 年 7 月 23 日，某百货商场，因电线短路引起火灾，烧毁建筑 3 320m^2 和设备、家具、服装等，直接经济损失 240.2 万元。

（6）2009 年 12 月 13 日，某服装城因东厅三层个体户相某擅自移动电表线路，增加用电负荷造成电表接线接触不良产生电弧引起火灾，造成直接财产损失 1 964.2 万元。

【回放二】　大厦、酒店电气火灾案例

（1）2009 年 1 月 9 日 13 时，某酒店因房间包房西墙内导线老化，使用时接触电阻过大，引着绝缘层及可燃物发生火灾（见图 3-3），造成 12 人死亡，12 人受伤，烧毁建筑及中央空调、电视、家具等，直接财产损失 79 万元。

图 3-3　酒店因导线问题引发大火

（2）2009 年 4 月 18 日，某大厦因家用电器故障发热引燃塑料外壳而发生大火，直接财产损失达 469.1 万元。

（3）2009 年 6 月 12 日，某电子大厦因四层营业厅摊位吊顶上的日光灯电源线短路电弧引燃可燃物发生大火，直接经济损失达 363.7 万元。

（4）2009 年 9 月 21 日，某供销大厦因为电气线路接头处铜铝接头不规范，接触电阻过大，长期发热引起大火，直接财产损失达 506.7 万元。

（5）2009 年 12 月 2 日，某商业大厦家电展台，下班时未断电源，致使变压器长期通电

过热，发生火灾，造成60家经营户受灾，直接财产损失达68万元。

（6）2009年12月3日，某酒楼因电气故障发生火灾，致使酒楼3人被烧死，直接财产损失51.8万元。

【回放三】　工厂、公司电气火灾案例

（1）2009年1月13日，某大院因电气故障发生火灾，死、伤各1人，直接财产损失902.9万元。

（2）2009年1月25日，某毛纺有限公司由于供电线路超负荷运行，致绝缘层损坏，造成短路，电弧点燃可燃物。烧毁厂房和纺织设备，直接损失158.5万元。

（3）2009年2月17日，某有限公司因电热油汀内接线柱接触不良，生成高温引起火灾，烧毁建筑和大量塑料原料、半成品油墨等，直接损失250万元。

（4）2009年2月28日，某钢铁股份有限公司炼铁部转炉分厂因转炉电缆遭小动物咬损，发生短路引起火灾，造成转炉停产，直接损失615.7万元。

（5）2009年4月22日，某公司因肉鸡加工车间吊顶日光灯镇流器发热引燃聚氨酯保温材料发生火灾，烧毁建筑504 000m^2，造成38人死亡，20人受伤，直接损失95.2万元。

（6）2009年10月17日，某家具加工场，因油漆车间内电气故障发生火灾，烧毁房屋、家具、油漆等，直接损失291万元。

2．典型案例分析

【案例分析一】　电气线路设计不合理，线路检修不到位

2004年4月8日上午11时，某镇一农村家庭发生火灾。在家中无人的半个小时内，大火将四间房屋几乎烧成了灰烬，如图3-4所示。经过现场勘查和分析，发现火灾是由西屋向堂屋蔓延的，西屋南墙上的配电盘已部分燃烧变形，屋顶瓴梁已烧断，且屋内无其他火源和电器。经过现场询问，得知在离现场不足100m的村道边又有第二现场。第二现场为一通信线杆，当听到第一现场“着火”喊声的同时，第二现场发现从通信线杆上掉下了一团鸡蛋大小的火球，燃着了地上的草堆。与此同时，全村有12家正在看的电视忽然一闪，再也打不开了。由此可以推断这是一起电器火灾，但火灾原因是电器短路还是使用不当？谁是“肇事者”呢？这都需要进一步调查。

图3-4　一场大火将房屋烧成灰烬

经过缜密的查看，发现位于第二现场的通信线杆所架的通信线上方是农村电网改造后的电线，而且距离很近。工作人员上去一看，电线搭在了通信线杆的顶部，而且通信线杆顶部有一裸露的长约7cm、直径1cm的钢筋。电线与钢筋接触处，绝缘皮已经裂开脱落，露出了铜线，电线随风摆动，摩擦钢筋。最终经过大量的调查得出结论：由于农村电线与通信线杆裸露的钢筋摩擦导致电线短路引起火灾。

【案例分析二】　电器设备不合格，引发火灾事故

2004年2月14日7时，某镇一农产品家发生火灾，造成1老人重伤，两间住房和大部分财物被烧毁。火灾后公安消防机构派人赶到现场，进行火灾调查。通过现场勘查发现，西屋烧损严重，西屋除伤者床上的电热毯外，无其他电器和火源。经询问证实，老人开通电热毯后就睡觉，发现身下起火想离开时已来不及了。电热毯为一年前从小商品批发市场上购买，前几天就有烧糊的气味，但是没当回事，没想到今天会烧得这样惨。所以经推断，火灾原因

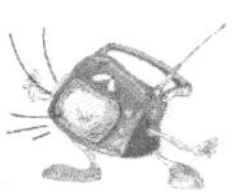

为电热毯着火。通过购买同一厂家、同一型号的实物证实，这是一个“三无”产品，价钱也不贵，结构简单，说明书无确定的功率，没有保护装置。若电容器被击穿，继电器失灵，变压器温度升高，晶闸管及触发电路发生紊乱时，都有引发火灾的可能。

【案例分析三】　图方便违章作业，引发火灾事故

2004 年 4 月 8 日上午 11 时，某住宅区发生电火灾（见图 3-5），将新建不到 2 年的房屋烧成灰烬。谁是“肇事者”呢？勘查和询问发现该住宅区在建造时，为图方便，违章作业，将电力线与通信线杆距离安排过近，电线随风摆动，与通信线杆碰擦。不到 2 年，电线绝缘层多处裂开脱落，露出了铜芯。裸露的电线与通信线杆在频繁接触过程中，碰擦出“电火花”，造成这场火灾。

图 3-5　不到 2 年的房屋烧成灰烬

从上述案例可以看出，电气线路的设计和安装要统筹规划，一定要使用合格电器，安装要到位。企业（单位）里要成立一定的组织，通过多种渠道广泛进行用电、防火知识的宣传教育，制定安全检查制度，实施消防安全检查。重点是对电气不安全的部门实行定期上门，对电线、电表、电器进行检查；发现问题及时检修，发现隐患及时整改，这样才能从根本上保证人民群众的利益。

拓展 2　如何拨打“119”

拨打火警电话“119”时，一定要沉着冷静，关键是要把情况用尽量简练的语言表达清楚。报警时要注意以下事项。

（1）要记清火警电话——“119”。

（2）电话接通以后，要准确报出失火的地址（路名、门牌号等）、什么东西着火、火势大小、有没有人被困、有没有发生爆炸或毒气泄漏以及着火的范围等。在说不清楚具体地址时，要说出地理位置、周围明显建筑物或道路标志。

（3）将自己的姓名、电话或手机号码告诉对方，以便联系。注意听清接警中心提出的问题，以便正确回答。

（4）打完电话后，立即派人到交叉路口等候消防车，引导消防车迅速赶到火灾现场，如图 3-6 所示。

图 3-6　等候消防车

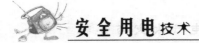

（5）如果火情发生了新的变化，要立即告知公安消防队，以便他们及时调整力量部署。

“温馨提示”

拨打“119”火警电话与公安消防队出警灭火都是免费的，但任意乱拨是违法的！

拓展 3  紧急情况下的自救互救

火场逃生常识，如表 3-3 所示。

表 3-3　火场逃生常识

名　称	示 意 图	说　明
逆风疏散		火灾之中需镇静 准确判断这风向 逆风才是疏散处
通道选择		平时通道要畅通 不堆杂物不上锁 勿选电梯来逃生
绳索自救		门框窗档绳栓起 双手将绳紧夹牢 顺绳下爬手交替
棉被护身		棉被毛毯水先浸 逃生路线若确定 盖在身上冲出去
匍匐前进		火灾烟气在上面 爬行匍匐或低腰 逃生过程要低空

续表

名　称	示 意 图	说　明
火场求救		大声呼叫与打门 手挥彩条或手电 积极求救保平安
不恋财物		火灾袭来快逃生 不要贪恋财与物 妇女儿童照看好

拓展4　新材料、新技术介绍

1．消防战士的新型面具

当一队消防战士接到命令迅速来到火灾现场时，那里已是浓烟滚滚，火光冲天，建筑物里根本辨别不清东西南北，他们只听到一些未及时撤离的人在呼叫救援。然而英勇的战士们冲了进去，很快找到了火源，全力予以扑灭，并同时找到了被围困的人们，把他们一一救出。如图 3-7 所示，消防战士戴着新型的面具。

图 3-7　消防战士的新型面具

是什么使这些英勇的战士个个如虎添翼呢？这得归功于他们头上新型的面具。原来，在这种面具里装有一个红外线摄像机。它能够“感觉”到温度最高的地方，即红外线辐射最强的地方，并把它拍摄下来变成可视的图像，然后装在面具下部的小屏幕上显示出来。于是战士们能很方便地透过浓烟和火光看清火源的位置，并准确地加以扑灭。同样，利用人体散发出来的体温能看清被围困人们的所在。

在这种面具里，还装有无线电通话器和供给战士使用的呼吸装置。当然还有供红外摄像机等使用的电池。它的电能可持续使用 1.5h 之久。因此，这种新型面具自然就成为消防战士最得力的装备之一了。

2．烟雾传感器为什么能自动报告火警

目前，在现代化的星级宾馆客房内，几乎都装有自动报警装置（见图 3-8），以避免重大火灾的发生。那么，自动报警装置为什么能自动报告火警呢？

原来，在自动报警装置中，安装有一个类似人的嗅觉器官的烟雾传感器。烟雾传感器由一种对烟雾反应极为灵敏的敏感材料制成。这种材料有一个特点：只要与一氧化碳和烟雾一类的气体一接触，传感器内的电阻就立即发生显著变化，与此同时，自动接通报警器。

图 3-8　宾馆客房内的烟雾传感器

所谓敏感材料，是指那些物理和化学性能对电、光、声、热、磁、气氛和湿度变化的反应极为灵敏的材料。所以，敏感材料又有电敏、光敏、声敏、磁敏、气敏和湿敏之分。这些敏感材料是实现自动化控制的重要物质基础，它们就像人体的各种器官一样，能非常灵敏地感知各种环境条件发生的变化，然后根据变化的信息，向人们及时发出警报或自动采取相应的措施。

3．防火涂料是怎样防火和阻止火势蔓延的

在我国，火灾时有发生，造成了重大的经济损失。火神降临时，就连大楼的钢结构也经不住烈火烧炼，在很短的时间内即变软塌落。

以前，我国没有生产防火涂料，不得不到国外购买。1985 年，我国科技人员经过无数次实验、论证，终于开发出了一种钢结构防火隔热涂料，填补了我国防火涂料生产的空白。钢构件表面涂上这种涂料后，经大火猛烧 2～3h，钢构件也不会变形。

1989 年 3 月 1 日，这种防火涂料经受了一次严峻的考验：中国国际贸易中心发生了一场意外火灾，B 区宴会厅中堆积的 1 000 多立方米保温材料被烧成灰烬，混凝土楼板被烧蚀 50 多毫米，而屋顶 18 米跨度的钢梁却丝毫没有变形，经过 3h 的大火，连外层防锈漆的颜色都未改变。其奥秘在哪儿呢？原来，建筑工人给钢结构涂上了防火材料（见图 3-9），穿上了一件“防火衣”。

图 3-9　建筑工人给钢结构涂上防火材料

思考与练习

一、填空题

1．电气火灾一般是指＿＿＿＿＿＿＿＿＿＿＿＿＿＿＿＿＿＿＿＿＿＿＿＿＿＿＿＿。

2．所谓漏电是指＿＿＿＿＿＿＿＿＿＿＿＿＿＿＿＿＿＿＿＿＿＿＿＿＿＿＿＿＿＿。

3．消防工作是包括＿＿＿＿与＿＿＿＿在内的，同火灾做斗争的一项专门工作。消防工作的方针是“＿＿＿＿＿＿＿”、“＿＿＿＿＿＿＿”。

4．发生电气火灾时，应立即＿＿＿＿，然后＿＿＿＿。

5．当电气设备或电气线路发生火警时，应立即＿＿＿＿，防止火情蔓延和灭火时发生触电事故。

6．电气灭火不可用＿＿＿＿，尤其是有油类的火警，应采用＿＿＿＿＿＿＿＿灭火。

二、选择题（将正确答案的序号填入括号中）

1．液体火灾和可熔化的固体物质火灾是属于（　　）类火灾。

A．（A类）火灾　　B．（B类）火灾　　C．（C类）火灾

2．火线与地线的某一点碰在一起，引起电流突然大量增加的现象就叫（　　）。

A．短路　　B．断路　　C．通路

3．安装线路时，要根据（　　）。

A．用电设备负荷情况合理选用相应截面

B．导线与导线之间、导线与建筑构件之间、固定导线用的绝缘子之间的间距

C．用电设备负荷情况合理选用相应截面的导线及导线与导线之间，导线与建筑构件之间、固定导线用的绝缘子之间的间距

4．发生电气着火时，首先应（　　）。

A．拉开电源，再采用二氧化碳或四氯化碳灭火器来扑救

B．采用二氧化碳或四氯化碳灭火器来扑救

C．立即逃跑，这样可以避免事故发生

5．拨打火警电话的号码是（　　）。

A．110　　B．119　　C．120

三、简答题

1．在日常生活工作中，预防电气火灾要认真做好哪些工作？

2．扑救电气火灾用什么灭火器效果好，为什么？

3．带电灭火应注意哪些安全事项？

4．紧急撤离危险现场应注意什么？

5．设计一场火场疏散或逃生演练计划，并在学校支持下，加以实施（学校统一安排下举行）。

模块四　雷电与雷电防范

雷电是自然界中雷云之间或是雷云与大地之间的一种放电现象。其特点是电压高、电流大、能量释放时间短，具有很大的危害性。如果我们不学会“防雷减灾，建设平安家乡”，雷电会以其巨大的毁灭能力，让我们的生活损失惨重。

通过本模块的学习，了解雷电的发生规律，掌握防范雷电事故的方法，了解雷电现象及种类，初步掌握雷电的防范方法。

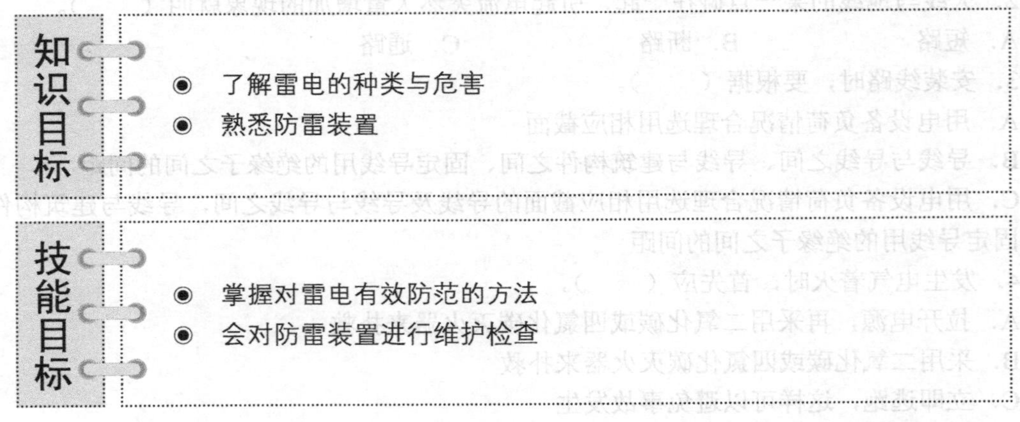

知识目标
◉ 了解雷电的种类与危害
◉ 熟悉防雷装置
技能目标
◉ 掌握对雷电有效防范的方法
◉ 会对防雷装置进行维护检查

情景模拟

1989年，我国某市油库于8月12日遭雷击失火，燃烧104小时才勉强扑灭。伤亡人员近百名，烧毁原油3.6万吨，整个油库毁坏殆尽，变成一片废墟。某数据中心，集全体技术人员历时3年的研究成果和宝贵数据也因一次雷灾而化为乌有。

随着微电子技术高度发展及广泛应用到各个领域，使雷害对象也发生了转移，从对建筑物本身的损害转移到对室内的电器、电子设备的损害，以至发生人身伤亡事故。你知道雷电的成因及其所造成的危害吗？你知道雷电的种类吗？你掌握防范雷电危害方面的技能吗？让我们一起来学习雷电与防范雷电方面的知识和技能吧！

基础知识

知识一　雷电的危害及预防

一、雷电的机理

在雷雨季节里，地面的气温变化不均匀，常有升高或降低。当气温升高时，就会形成一股上升的气流。而在这股气流中，因含有大量的水蒸气，在上升过程中，受到高空中高速低温气流的吹袭，会凝结并分裂为一些小水滴和较大些的水滴。它们带有不同的电荷。当较大些水滴带有正电，并以雨的形式降落到地面，但较小的水滴带有负电，仍飘浮在空中，且有时会被气流携走，于是云就由于电荷的分离，形成带有不同的电荷的雷云。雷云层和大地接近时，使地面也感应出相反的电荷。这样，当电荷积聚到一定程度时，就冲破空气的绝缘，形成了云与云之间或云与大地之间的放电，迸发出强烈的光和声，这就是人们常见的雷电，如图 4-1 所示。

图 4-1　雷电迸发出强烈的光和声

小贴士

雷电的特点是电压高、电流大，但作用时间短。

二、雷电的危害与种类

1．雷电的危害

由于雷电电压高、电流大、能量释放时间短，具有很大的危害性，会造成建筑物的烧毁、人畜伤亡、易爆物品爆炸，如图 4-2 所示。随着微电子技术高度发展及高技术类的敏感设备的应用，雷击对象也发生了转移，从对建筑物本身的损害转移到对室内的电器、电子设备的损害。

2．雷电的种类

雷电大致可分为直接雷击与间接雷击。

（1）直接雷击。当雷电直接击在建筑物上时，强大的雷电流使建（构）筑物水分受热汽化膨胀，从而产生很大的机械力，导致建筑物燃烧或爆炸。另外，当雷电击中接闪器，电流沿引下线向大地泻放时，这时对地电位升高，有可能向临近的物体跳击，称为雷电“反击”，从而造成火灾或人身伤亡。直接雷灾害对设备的损坏占雷电灾害中的 15%。

（2）间接雷击（又称感应雷击，它分为静电感应雷击和电磁感应雷击两种）。由于雷电流变化梯度很大，会产生强大的交变磁场，使得周围的金属构件产生感应电流，这种电流可能向周围物体放电，如附近有可燃物就会引发火灾和爆炸，而感应到正在联机的导线上就会对设备产生强烈的破坏性。特别是灵敏的电子设备，更需要注意。间接雷灾害对设备的损坏占雷电灾害中的85%。图4-3所示为间接雷击示意图。

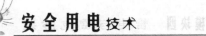

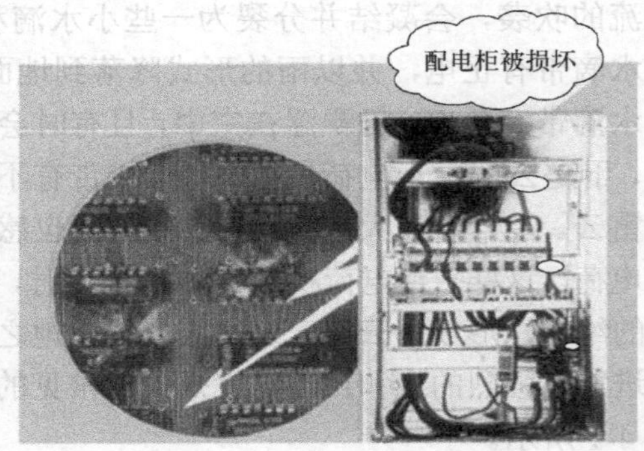

图4-2　雷电的危害

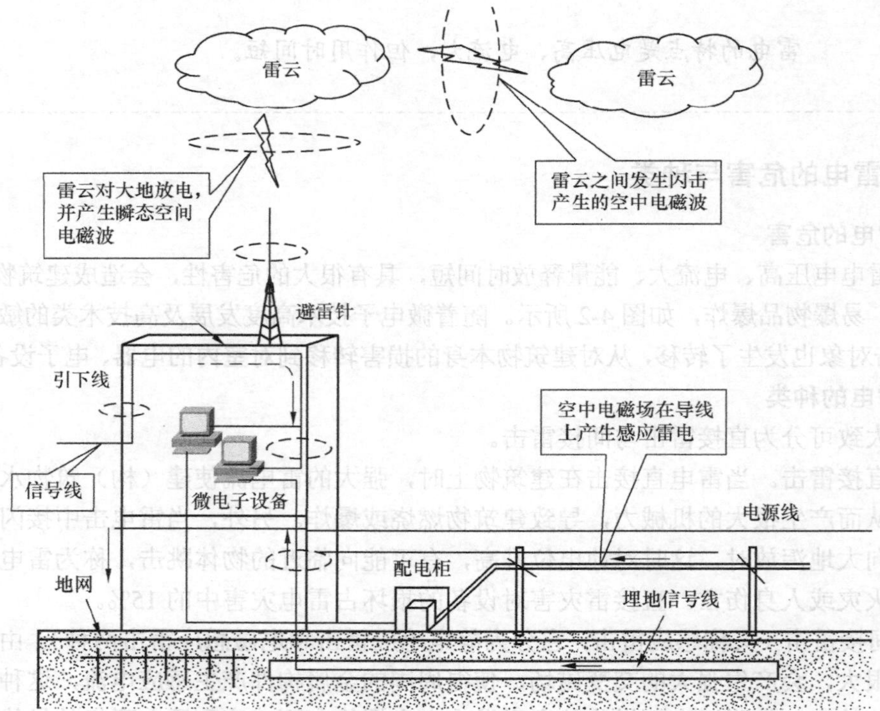

图4-3　间接雷击示意图

1997 年对超过 8722 多件案例损坏原因进行分析，雷击及操作过电压的案例就占总案例中的 31.68%，如图 4-4 所示。

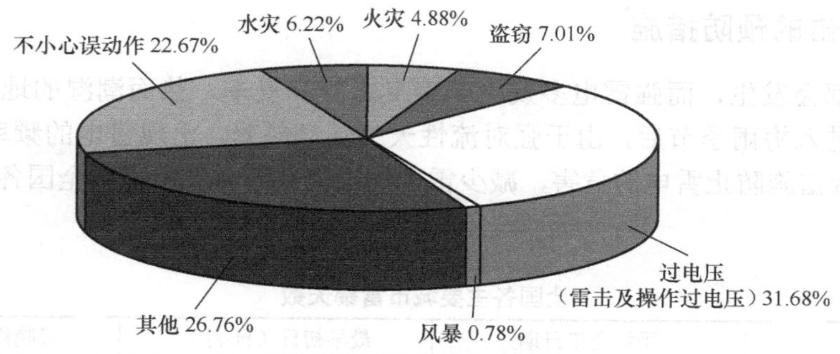

图 4-4　1997 年案例分析图

据 2000 年雷电灾害损失（仅指直接损失，未计间接损失）统计，全国 35 个自治区、直辖市、700 多个市县，共发生典型雷电灾害 1902 例。造成人员伤亡事件 808 起，直接经济损失上千万元以上的事例百起，百万元以上的事例为 19 起。

图 4-5　电闪雷鸣

（1）2008 年 9 月 23 日凌晨，成都遭遇强雷暴天气（见图 4-5）。风雨和半夜的惊雷，让许多正在熟睡的市民吓了一跳。从 23 日凌晨到中午 12 时，四川省共发生雷电 26 051 次，其中成都地区共遭遇 6 295 次雷电袭击。

（2）2006 年，某地区发生罕见强雷暴天气，造成该地区的 BTS 通信系统被毁，通信瘫痪，供电中断；水文站遭遇雷击，二楼的楼板被击穿一个大洞。两处居民家中 300 余台电视机毁坏，一名妇女被雷电击晕，直接经济损失达 100 万元。

（3）2006 年 6 月 5 日晚 10 时 30 分左右，某市出现雷雨天气，闪电打到该市粮库院内仓库棚顶，2 分钟后，棚顶起火，发生特大火灾。大火烧毁库房 1 000 多平方米，库内存放的冰箱、洗衣机、建筑材料、食品等物全部被烧，造成经济损失 30 余万元。

雷电的危害不可小觑。

（4）2000 年 7 月 17 日某市一玻璃公司遭雷击，自动化生产线因雷击发生故障，称重传感器被损坏，直接经济损失 3 万元，停产三天，间接经济损失约 80 万元。

图 4-6　原料库遭雷电

（5）2000 年 7 月 11 日某收费站遭雷击，击坏收费监控系统，某公司遭雷击，击坏程控交换机、内部计算机网络等设备，经济损失约 1.2 万元。

（6）2000 年 6 月 16 日某市一街道遭雷击（见图 4-6），原料库的棉垛和尼龙垛被雷击并引起大火，虽经抢救扑灭，其直接经济损失仍达 51 万元。

（7）2000 年 5 月 25 日某铝业集团电解一、二分公

司电解自控系统遭雷击损失100万元。

（8）2000年5月17日某纸箱厂遭雷击，致使生产控制线损坏，经济损失约24万元。

三、防雷击的预防措施

雷电全年都会发生，而强雷电多发生于春夏之交和夏季，热而潮湿的地区。例如浙江等沿海地区在进入梅雨季节后，由于强对流性天气活动频繁，出现雷电的频率更高。因此，要采取各种有效措施防止雷电的危害，减少雷击的损失。表4-1所示为全国各主要城市雷暴天数。

表4-1　全国各主要城市雷暴天数

地　　名	平均全年日期	最早初日（日/月）	最晚终日（日/月）
海口	104.3	1/1	30/12
上海	32.2	14/2	10/10
重庆	40.1	14/2	1/12
拉萨	75.4	9/3	3/1
武汉	26.7	11/1	20/12
北京	36.7	30/3	3/11
呼和浩特	29.5	20/3	24/10
哈尔滨	28.9	20/4	10/10

1．架空电力线路的防雷措施

由于架空线路直接暴露在旷野，而且分布很广，最易遭受雷击，使线路绝缘损坏，并产生工频短路电流，使线路跳闸。所以对架空线路一是尽可能在线路上减少或避免产生雷击过电压；二是产生雷电过电压后，尽可能避免线路跳闸。

确定架空线路的防雷方式时，应考虑线路的电压等级、当地原有线路的运行情况、雷电活动强弱、地形地貌的特点、土壤电阻率的高低以及负载性质和系统运行方式等条件，因地制宜采取经济、合理的保护措施。这些措施主要有：应用自动重合闸装置，装设避雷线，装设避雷器或保护间隙，加强线路绝缘，加强线路交叉部分的保护等。

2．变电所（站）的防雷措施

工厂变电所（站）是工厂电力供应的枢纽，一旦遭受雷击，会造成全厂停电，影响很大。工厂还有许多其他建筑物和构筑物，有的较高，有的易燃，有的易爆，也都需要有可靠的防雷措施。防雷有两个主要方面，即对直击雷的防护和对由线路侵入的冲击波的防护。

3．高压直配电机的防雷措施

经变压器与架空线路连接的高压电机，一般不要求对它采取特殊的防雷保护措施，因为经过变压器转换的雷电除了个别的情况外，不会有损坏电机绝缘的危险。但当高压电击不经变压器而直接由架空线路配电（即“直配”）时，其防雷工作就显得特别重要。高压直配电机的防雷保护措施应根据电机容量、当地雷电活动强弱和对供电可靠性的要求确定。

4．日常活动中的防雷措施

（1）在户（室）内，有雷击时，为防止被雷击中，尽量不要使用家用电器，如图4-7所示。

图 4-7　在室内，雷雨来临时不要使用家用电器

① 注意关好门窗，以防侧击雷和球状雷侵入。

② 不要使用带有外接天线的收音机和电视机，不要接打固定电话，最好把家用电器的电源切断，并拔掉电源插头。

③ 不要在雷电交加时用喷头洗澡。

（2）人在户（室）外时，为防止被雷击，应遵守以下原则。

① 减少户外、野外停留时间。

② 不要接触天线、煤气管道、铁丝网、金属窗、建筑物外墙，远离带电设备。

③ 尽量避开金属铁器，如金属手柄的伞、肩扛铁棍、铁锹等，停止登高作业、施工。

④ 不要待在露天游泳池、开阔的水域或小船上；不要停留在树林的边缘；不要待在电线杆、旗杆、干草堆、帐篷等没有防雷装置的物体附近；不要停留在铁轨、水管、煤气管、电力设备、拖拉机等外露金属物体旁边；不要停留在山顶、楼顶等高处；不要靠近孤立的大树或烟囱（山顶孤立的大树边尤其危险，见图 4-8）；不要躲进空旷地带孤零零的棚屋、岗亭里。

⑤ 户（室）外遭雷电时，应立即寻找避雷场所，可选择装有避雷针、钢架或钢筋混凝土的建筑物等处所，但是注意不要靠近防雷装置的任何部分。若找不到合适的避雷场所，可以蹲下，两脚并拢，双手抱膝，尽量降低身体重心，减少人体与地面的接触面积。如能立即披上不透水的雨衣，防雷效果更好。

⑥ 高压电线遭雷击落地时，近旁的人要保持高度警觉，当心地面“跨步电压”的电击。逃离时的正确方法是：双脚并拢，跳着离开危险地带。高压电线遭雷击落地示意图，如图 4-9 所示。

图 4-8　不在大树下避雨

图 4-9　当心遭雷击

请同学们上网查阅有关雷电的种类、危害与避雷方法，并在课堂上或课余时间与同学交流。

知识二 防雷保护装置与雷击抢救

一、防雷保护装置

为了保证人畜及建筑物的安全，需要装设防雷装置。各种防雷保护装置主要由接闪器、引下线和接地装置三部分组成，如图 4-10 所示。各种防雷保护装置只是接闪器构造不同，其引下线和接地装置基本是相同的。

1．接闪器

接闪器是指避雷针、避雷网、避雷带、避雷环、避雷线等直接接受雷电的金属构件。

（1）避雷针一般采用圆钢或钢管制成，其具体尺寸不应小于以下数值：针长在 1m 以下时，圆钢直径为 12mm，钢管公称口径为 20mm；针长在 1～2m 时，圆钢直径为 16mm，钢管公称口径为 25mm。装置在烟囱顶端的避雷针，可用直径为 20mm 的圆钢制作。

图 4-10　防雷保护装置示意图

（2）避雷网和避雷带一般采用圆钢或扁钢，其尺寸不应小于：圆钢直径为 8mm，扁钢截面为 48mm^2，厚度为 4mm。

避雷网为网格状，避雷带为带状。它们安装方便，不用计算保护范围，且不影响建筑外观。所以，当建（构）筑物不装设突出的避雷针时，都可采用避雷带、避雷网保护。避雷带可利用直接敷设在屋顶和房屋突出部分的接地导体作为接闪器。当屋顶面积较大时，可敷设避雷网作为接闪器。但采用避雷网、避雷带保护时，屋顶上的烟囱和其他突出部分，还应再装设小避雷针或避雷带保护，并要连接到主避雷带或网上。

（3）装设在烟囱顶端的避雷环，一般采用圆钢或扁钢，其尺寸不应小于：圆钢直径为 12mm，扁钢截面为 100mm^2，厚度为 4mm。

（4）避雷线为悬索状，它用于电力输送线和较长的单层建（构）筑物，一般分单根避雷线和双根平行避雷线两种。避雷线一般采用截面不小于 35mm^2 的镀锌钢绞线。

2．引下线

引下线为避雷保护装置的中段部分，上接接闪器，下接接地装置。引下线一般采用圆钢或扁钢，其尺寸不应小于：圆钢直径为 8mm，扁钢截面为 48mm^2，厚度为 4mm。装设在烟囱顶端的引下线，其尺寸不应小于：圆钢直径为 12mm，扁铜截面为 100mm^2，厚度为 4mm。其防腐要求同接闪器。引下线应沿建（构）筑物外墙敷设，并经最短路线接地。一个建筑物的引下线一般不少于两根。对艺术要求较高的建筑物，也可暗敷，但截面应加大一级。

建（构）筑物的金属构件（如消防梯）等可作为引下线，但其所有部件之间均应连成电

气通路。采用多根引下线时，为了便于测量接地电阻以及检查引下线和接地线状况，宜在各引下线距地面约 1.8m 处设置断接卡。在易受机械损伤的地方，则对地面约 1.7m 至地下 0.3m 的一段接地线还应加保护设施。

3．防雷保护装置

防雷保护装置包括埋设在地下的接地线和接地体。其中垂直埋设的接地体，一般采用角钢、钢管、圆钢；水平埋设的接地体，一般采用扁钢、圆钢。接地体尺寸不应小于：圆钢直径为 10mm，扁钢截面为 100mm^2，厚度为 4mm；角钢宽度为 50mm，厚度为 4mm；钢管公称口径为 25mm，壁厚为 3.5mm。在腐蚀性较强的土壤中，应采取镀锌等防腐措施或加大截面。

接地线应与接地体的截面相同。垂直接地体的长度一般为 2.5m。为了减少相邻两接地体的屏蔽效应，两接地体之间的距离一般应为 5m；当受地位限制时可适当减少，但不应小于垂直接地体的长度。接地体埋设深度不应小于 0.5m。接地体应远离受高温影响而使土壤电阻率升高的地方（如烟道等）。

二、防雷保护装置的检查与维护

1．防雷保护装置维护检查的必要性

为了使建筑物的防雷保护装置具有可靠的保护效果，不仅要有合理的设计和正确的施工，还要注意经常维护检查，因为防雷保护装置如果不符合要求，它不仅不能起到雷电保护的作用，有时甚至会使建筑物处于更危险的情况下。例如，在避雷针的针尖上悬挂收音机天线或晒衣服的铁丝，在装有防雷引下线的墙壁上，离引下线很近的地方，交叉或平行敷设强电或弱电系统的架空进户线；明设引下线因保护不好受到机械力损坏而中断等。这些情况都是很危险的。如果一旦防雷保护装置接受雷击，很可能导致人身伤亡或建筑物损坏的严重后果。因此防雷工程除必须有严格的验收外，还应有常年的维护和检查。图 4-11 所示为防雷保护接地系统示意图。

2．防雷保护装置的维护检查

防雷保护装置的维护检查是由使用单位负责的，也可请设计单位协助进行。维护检查分定期检查及临时检查；对于重要工程，应在每年雷雨季节以前作定期检查；对于一般性工程，应每隔两三年在雷雨季节以前作一次定期检查。有特殊需要时，可作临时性的检查。

防雷保护装置维护检查事项：

（1）检查是否由于修缮建筑物或建筑物本身的变形使防雷保护装置的保护情况发生变化；

（2）检查有无因挖土方、敷设其他管线路或种植树木而挖断接地装置；

（3）检查各处明装导体有无因锈蚀或机械力的损伤而折断的情况；

（4）检查引下线距地 2m 一段的绝缘保护处理有无破坏情况，卡子有无接触不良；

（5）检查接地装置周围的土壤有无沉陷情况；

（6）测量全部接地装置的流散电阻。

如发现保护装置的电阻值有很大变化时，应将接地系统挖开检查。对于暗装防雷网或利用混凝土柱子钢筋作为引下线的工程，由于设计的规定，都非常可靠。一般不需要平时检验，但每隔五、六年，需要作接地电阻测量。如发现有不合乎要求的地方，应即时作补救处理。例如导体腐蚀达 30%以上时，应更换导体。

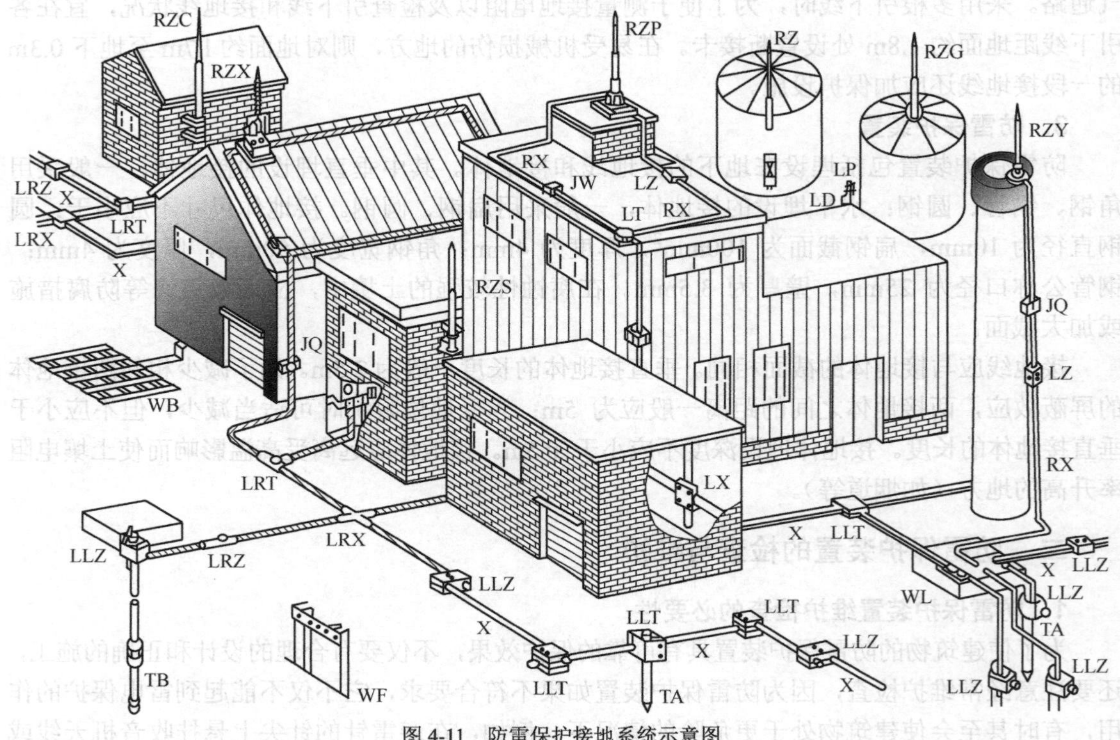

图 4-11 防雷保护接地系统示意图

三、遭雷击事故报道与处理

1. 雷电伤人事故的报道

雷电伤人是经常发生的，如不躲避或避雷措施不当就会遭受很大威胁。据报道，在瑞士，每百万人口当中，每年约有 10 人遭受雷击；在美国，每年死于雷击事故的人数比死于飓风的人还多；在日本，1968 年曾发生一起闪电击毙 11 名儿童的事故。因此，我们有必要懂得防雷的具体措施及遭雷击后的抢救方法。

2. 雷电伤人事故的处理

雷电伤人主要是强大的雷电电流的作用。如果雷电击中头部，并且通过躯体传到地面，会使人的神经和心脏麻痹，脑神经损伤休克或致死。此外，雷击还会引起衣服着火，灼伤人。

若被雷击者衣服着火时应该迅速扑灭其身上的火焰，如往着火者身上泼水，或用厚外衣、毯子裹灭火焰；雷击引起衣服着火者也可在地上翻滚灭火等。

若被雷击者失去知觉，但有呼吸和心跳，应该让他舒展平卧，安静休息后再送医院治疗。

若伤者已经停止呼吸和心跳，应迅速果断地交替进行口对口人工呼吸和心脏挤压，并及时送往医院抢救。

请同学们上网查阅有关雷电击伤的处理方法，并在课堂上或课余时间与同学交流。

知识拓展

拓展 1　富兰克林的风筝

现代避雷针是美国科学家富兰克林发明的。富兰克林认为闪电是一种放电现象。为了证明这一点，他在 1752 年 7 月的一个雷雨天，冒着被雷击的危险，兴致勃勃的富兰克林和他的儿子，来到美国城郊放风筝。可是，他们放风筝不是为了好玩，而是冒着遭雷击而丧生的危险，在进行吸取“天电”的实验。富兰克林的风筝是一只神奇的风筝，它是用丝绸做成的，顶部安装了一根尖细的铁丝。风筝用麻绳系住，麻绳末端挂着一把钥匙。风筝顺着阵阵微风，翩翩起舞，慢慢地升上了天空。图 4-12 所示为富兰克林放飞的神奇风筝……

图 4-12　放飞风筝

突然，乌云密布，电闪雷鸣，大雷雨随至而来。

关于这次实验情况，富兰克林在给朋友的信里写着：“当带着雷电的云来到风筝上面的时候，尖细的铁丝立即从云中吸取电火，风筝和绳子全部带了电，绳子上的松散纤维向四周竖起来，可以被靠近的手指所吸引。当雨点打湿了风筝和绳子，以致电火可以自由传导的时候，你可以发现电火从钥匙向你的指节大量地流过来。用这个钥匙，可以使来顿瓶充电；用充电得的电火，可以点燃酒精，也可以进行其他电气实验，像平时用摩擦过的玻璃球或者玻璃管来做电气实验一样。于是，带着闪电的物体和普通的物体之间的相同之处就完全显示出来了。”

风筝实验以后，富兰克林明确地指出，雷电现象不是“雷公雷母在发怒”，它是自然界的一种大规模的放电现象。当两块带异种电荷的云层或者带电云块跟地面接近的时候，云块间或者云地间就形成很高的电压，使空气电离，出现强大的电流。电流做功的结果，使电流通过的地方气体瞬间温度急剧升高到 30 000℃左右，呈现明亮无比的火花，这就是划破长空的闪电；同时，受热的电离气体体积急剧膨胀，发出震耳欲聋的隆隆声音就是打雷。

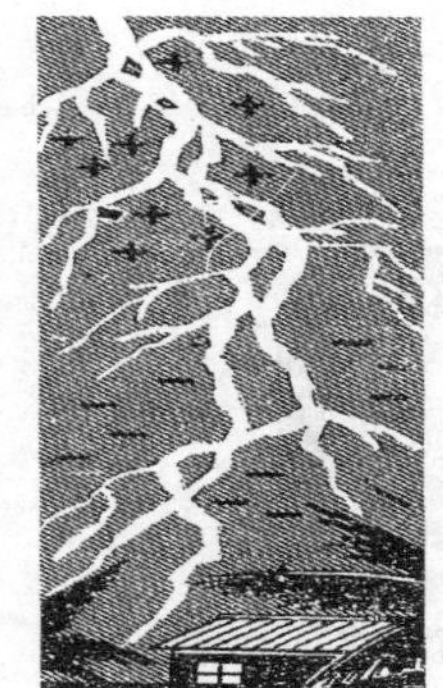

当天地之间发生闪电的时候，在闪电经过的路上，树木、房屋、人畜等就被击毁或者烧焦。为此，在 1772 年，英国成立了讨论火药仓库避免雷击对策委员会。作为委员的富兰克林在会上，根据风筝上的尖细铁丝能够吸取天电的现象，提出了制造避雷针的设想。经过一番激烈的争论，终于制造出世界上第一枚避雷针。打那以后，一枚枚避雷针就这样傲然地屹立在世界各国高大的建筑物上，担任着避免雷击的职能。

拓展 2　雷电有多大的能量

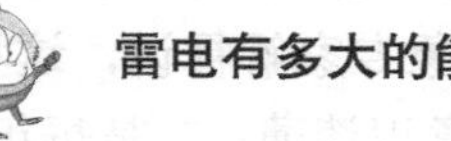

雷电电流的强度平均大约是 2×10^4A，雷电电压大约是 10^9V，每一次雷电的时间大约是

1/1 000s。根据这些数据，应用公式 $P=IU$，就可以算出一次雷电发出的电功率是：

$$P=IU=2\times10^{4}\times10^{9}=2\times10^{13}=2\times10^{10}(\text{kW})$$

也就是 200 亿千瓦。这是一个相当巨大的数字，它比前苏联叶尼塞河水电站的功率（600 万千瓦）还要大 3 300 多倍。雷电的功率虽然很大，但是由于它放电的时间很短，只要 1/1 000s，所以闪电电流所做的电功大约是：

$$W=Pt=2\times10^{10}\times10^{-3}=2\times0^{7}(\text{kW}\cdot\text{s})=5\,555\text{（度）}$$

尽管每一次闪电电流做功消耗的电能只有 5 555（度），但是全世界平均每秒要发生 100 次以上的雷电现象，因此，一年里由于雷电所消耗的总电能大约是：

$$5\,555\times365\times60\times60\times100=1.75\times10^{13}\text{（度）}$$

假如每度电的电费用人民币 0.50 元计算，那么全世界一年的雷电的价值是：$1.75\times10^{13}\times0.50=8.75\times10^{12}$（元），也就是 8 万 7 千 5 百亿元。

拓展 3　雷电伤人案例回放

【回放一】　农村雷电伤人频发事故

（1）2009 年 8 月 23 日，某市田先生和他三个朋友一起在村水库游玩。下午 4 时许，突然电闪雷鸣，下起大雨。他们急忙往水库中的孤岛跑去，一道光亮的闪电就划了过来，“感觉就在身边”，接着响雷就把他们击倒了……其中一人当场死亡，3 人被送往医院急救。图 4-13 所示为遭雷击伤者在烧伤科接受治疗。

（2）2009 年 8 月 28 日，某村发生雷击事件，当地一采石场 5 名工人在山腰躲雨时遭雷击，其中一人不幸遇难，另 4 人不同程度遭雷电击伤。

（3）2009 年 8 月 29 日，某地区多地出现雷电暴雨，造成 6 人死亡的惨剧。

【回放二】　城市雷电伤人频发事故

（1）2009 年 8 月 19 下午，某市出现暴雨雷电大风天气，一名正在施工的工人遭雷击致死。图 4-14 所示为遭雷击正在接受紧急救护的伤者。

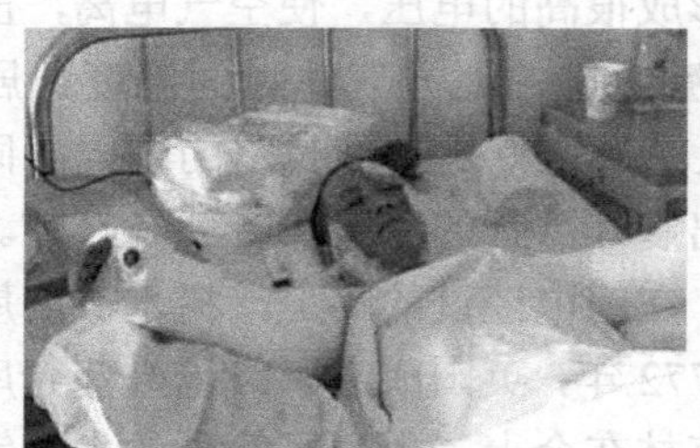

图 4-13　遭雷击的伤者

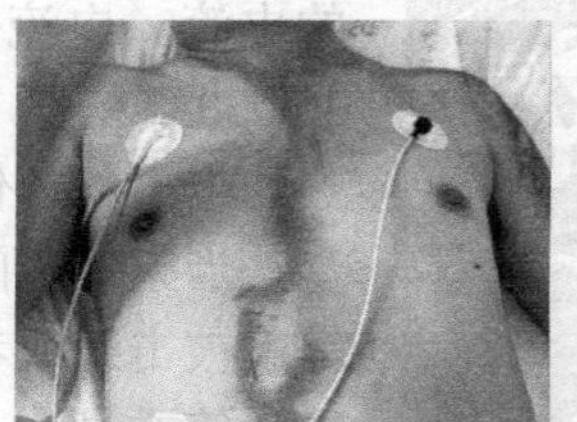

图 4-14　接受急救伤者

（2）2009 年 8 月 26 日至 29 日，某省出现大风、雷电、暴雨天气，全省 28 个县市区受灾，12 人因灾死亡，其中 10 人遭雷击死亡。

（3）2009 年 8 月 30 日，某市一个半小时内雷击 1 500 多次，造成全市 2/3 地区停电……

从以上事例中不难看出，雷击伤人事件多发生在农村。气象专家解释说，这种现象的发生主要原因有 3 个，一是不少农民不懂得防雷知识，雷击防护意识淡薄；二是每年入夏以后，强对流天气过程比平时也多，雷电发生的概率比平时高，而入夏后也是农忙季节，农民在田

间地头活动的密度和频率比平时高，而田间较空旷，是雷击灾害易发生地；三是农村地区普遍缺乏一些必要的雷电防护设施。

"温馨提示"

遇有雷雨天气，不能放松对雷电的防范意识！

思考与练习

一、填空题

1. 雷电是一种伴有闪电和雷鸣的雄伟壮观而又有点令人生畏的________现象。

2. 雷电的特点是________________________________。

3. 雷电大致可分为____________与________________。

4. 防雷装置主要由__________、__________和__________三部分组成。

5. 防雷接地装置包括埋设在地下的________和________________。

6. 为了使建筑物的防雷保护装置具有可靠的保护效果，不仅要有合理的设计和正确的施工，还要注意____________________。

二、选择题（将正确答案的序号填入括号中）

1. 接地线应与接地体的截面相同，垂直接地体的长度一般为（　　）。

A. 1.5m　　B. 2.0m　　C. 2.5m

2. 引下线为避雷保护装置的（　　）部分。

A. 上段　　B. 中段　　C. 下段

3. 避雷线一般采用截面不小于（　　）的镀锌钢绞线。

A. $15mm^2$　　B. $25mm^2$　　C. $35mm^2$

4. 接地体埋设深度不应小于（　　）。

A. 0.5m　　B. 5m　　C. 5m

5. 对于一般性防雷装置，应每隔（　　）年在雷雨季节以前作一次定期检查。有特殊需要时，可作临时性的检查。

A. 2～3　　B. 3～4　　C. 4～5

6. 雷电电流的强度平均大约是 2×10^4A，雷电电压大约是 10^9V，每一次雷电的时间大约是 1/1 000s。根据这些数据，就可以算出一次雷电发出的电功率是（　　）。

A. 1×10^{10}(kW)　　B. 2×10^{10}(kW)　　C. 3×10^{10}(kW)

三、简答题

1. 为什么要对防雷保护装置进行定期维护和检查？

2. 架空电力线路的主要防雷措施有哪些？

3. 确定高压直配电机的防雷措施有哪些？

4. 人在户（室）外为防止雷击，应遵守哪些原则？

模块五　静电与静电防范

静电现象是又一种常见的带电现象。所谓静电，并非绝对静止的电，而是在宏观范围内暂时失去平衡的相对静止的正电荷和负电荷。

随着现代电子信息技术的迅猛发展，电子产品日趋向轻、薄、短、小、高密度等方向发展，对集成电路的内部的连接、静电所引起的危害已成为不可忽视的问题。

通过本模块的学习，了解静电的起因与特点，熟悉静电的危害及应用，掌握控制静电产生的一些方法，了解静电对电子工业的影响，初步掌握静电防范和利用的知识。

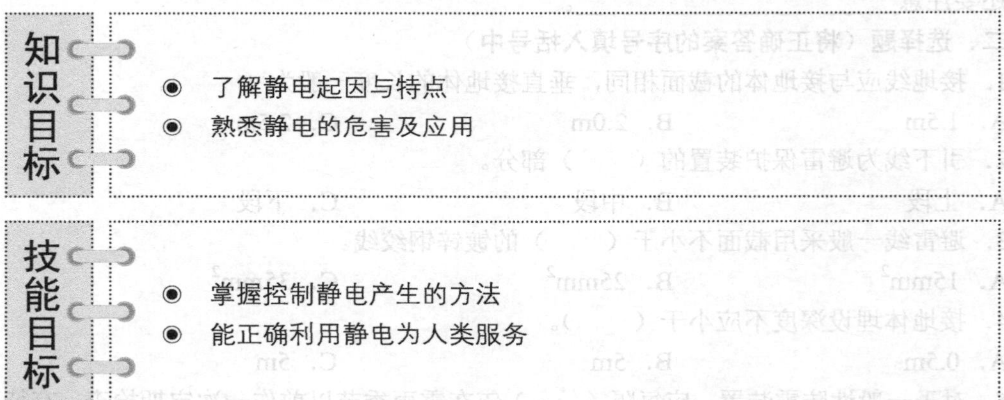

知识目标
◉ 了解静电起因与特点
◉ 熟悉静电的危害及应用
技能目标
◉ 掌握控制静电产生的方法
◉ 能正确利用静电为人类服务

情景模拟

2000 年 10 月 31 日 14 时 45 分，某石化厂机修车间一名女职工提着一只塑料挂钩的方形铁桶，到炼油分厂催化粗汽油阀取样口下，打算放一些汽油作为酸性大泵维修过程清洗工具用。当该女职工将铁桶挂到取样阀门上，打开手阀放油不久，油桶着火。一旁的技术员见状，迅速关掉阀门，并组织扑灭……

这是一起典型的由于阀门开度过大，汽油流速过快导致静电积聚，产生火花放电而引发的事故，虽然现场扑救及时得当，没有让事态进一步扩大而造成危害，但反映出个别职工安全意识不高，对静电放电的机理以及造成的危害认识不深。它告诫我们，如果不

严格执行安全操作规程，不对静电在生产过程可能造成的危害引起足够的重视，由于静电的原因而给生产带来危害和不良影响将是深刻的，甚至是惨痛的。

基础知识

知识一　静电的起因及其特点

一、静电的起电原理

两种物质紧密接触，相距小于 25×10^{-8}cm 时，一种物质的电子传给另一种物质，失去电子的物质带正电，得到电子的物质带负电，因此，只要两种物质紧密接触而后再分离，就可能产生静电。人在活动过程中，人的衣服、鞋以及所携带的用具与其他材料摩擦或接触分离时，粉体物料的研磨、搅拌、筛分或高速运动时，蒸气或气体在管道内高速流动或由阀门、缝隙高速喷出时，固体物质的粉碎及液体在流动、过滤、搅拌、喷雾、喷射、飞溅、冲刷、灌注、剧烈晃动等过程中，都可能产生强烈的静电。

图 5-1 所示为玻璃与丝绸摩擦时，玻璃带正电，丝绸带负电；图 5-2 所示为钢笔胶木摩擦头发后钢笔能吸附纸屑。但由于受到杂质的作用以及表面的氧化程度、吸附作用、接触压力、温度、湿度等因素的影响，有时会有不同的结果。

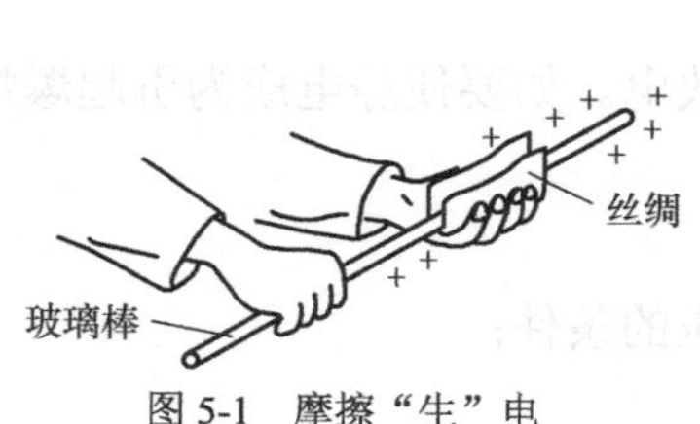

图 5-1　摩擦“生”电

图 5-2　钢笔胶木能吸附纸屑

按照物质得失电子的难易，亦即按照物质相互摩擦时带电极性的顺序，可以排列成静电序列。下面为两个典型的静电序列。

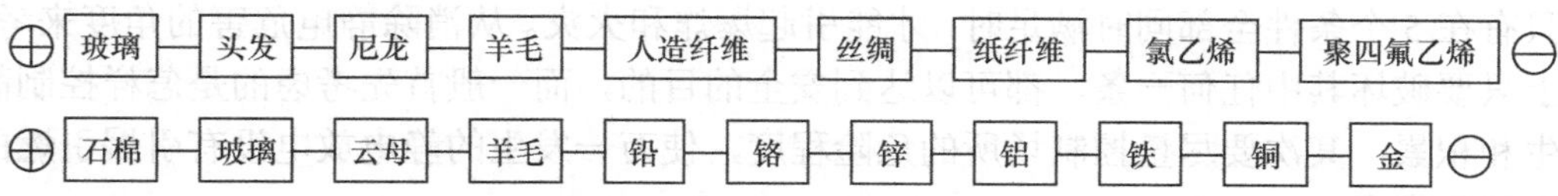

同一序列中，列在前面的物质与后面的物质相互摩擦时，前者带正电，后面的带负电。

除不同的物质由于摩擦产生静电外，由于撕裂、剥离、拉伸、撞击等也可能产生静电。例如，工业生产过程中的粉碎、筛选、滚压、搅拌、喷涂、过滤、抛光、印刷等，都会有静电荷的产生。

例如，1965 年 6 月，某厂在制造斯蒂芬酸铅起爆药的倒药工序中，工人去取药盒时，手刚接近药盒就发生爆炸，其右手被炸断。后经测试证明是人体与药盒所带静电发生放电火花而引爆产品的。又如 1987 年 3 月 15 日，某纺织厂因粉尘爆炸造成 3 个车间的厂房设备炸毁，死亡 47 人，伤 179 人。

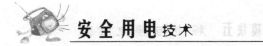

二、静电的特点

1. 静电电压很高

两种物质接触后再分离时，由于产生了静电，其间电压 U 与电量 Q 成正比，而与该带电系统的电容 C 成反比，即 $U=Q/C$。在短时间内，电荷量几乎维持不变；其间距离与相接触时的微小距离相比急剧增加，使其电容量急剧下降，从而导致电压达到很高的数值。例如，电动机械中传动皮带刚离开转轮时，电位并不高，转动到两带轮中间位置时，电位就增加很高。又如，汽油在金属管道中流动时电位并不很高，但当注入油罐，尤其是注入大容积油罐时，电位就升到很高的数值。

2. 静电产生感应

静电感应就是金属导体在静电场中，导体表面的不同部位感应出不同的电荷或导体上原有的电荷经感应重新分配的现象。因此，生产工艺过程中产生的静电，可以在邻近的对地绝缘的金属导体上感应出电荷，甚至使其产生很高的电压。

3. 静电产生尖端放电

金属导体上的电荷分布在导体外表面上，导体表面的曲率越大，电荷分布的密度越大，因此，导体表面尖端附近电场较强，容易使周围的空气等介质电离，即产生尖端放电。

三、静电引起火灾或爆炸的基本条件

静电能量虽然不大，但因电压很高而容易发生放电。如要使静电成为引起爆炸和火灾的点火源，必须充分满足下述条件：

（1）要有能够产生静电的条件；

（2）要有能积累足够的电荷，达到火花放电电压的条件；

（3）要有能引起火花放电的放电间隙；

（4）发生的火花要有足够的能量；

（5）在间隙和周围环境中有可被引燃引爆的可燃气体或爆炸性混合物，而且气体和混合物要具备足够的浓度。

只有在 5 个条件全部同时满足时，才能引起爆炸和火灾。从消除静电危害的角度来考虑，原则上只要破坏其中任何一条，都可以达到安全的目的，而一般首先考虑的是怎样控制静电的产生和积累，其次要尽量控制场所的危险程度，使万一发生的静电放电没有引爆引燃的对象，以保障安全。

请同学们上网查阅相关资料，了解静电产生的起因，以及它对人类生活和工作的危害案例，并在课堂上或课余时间与同学进行交流。

知识二 静电危害与静电防范

一、静电的危害

1．伤害人体

在橡胶工业中，搅拌原料、干燥、滚压等工序都能产生大量的静电荷，当人体接近这些带电体时，有可能造成带电体对人体放电的电击事故。有些工作环境中，由于人经常在橡胶、塑料等地板上来回走动，会使人体积聚一定的电荷，人体的电位升高，这时，当人接触其他物体时，会发生放电，烧伤人体，也可能引起其他事故。人的衣着不同，来回摩擦所产生的静电荷量也不同，当人身着绦纶类衣服，在穿衣和脱衣的过程中，就可能产生上万伏的静电电位。

在日常生活中，我们经常碰到这些现象：见面握手时，手指刚一接触到对方，会突然感到指尖针刺般疼痛；拉门把手、开水龙头时，也会发出“啪、啪”的响声，并伴有刺痛感；早上梳头时，头发会经常“飘”起来，越理越乱……这些都是人体体内静电对外“放电”的结果，如图 5-3 所示。

图 5-3 早上梳头，头发“飘”起

随着秋季的来临，气候变得干燥、多风，人体容易产生静电，“触电”也就难免，特别是老人。由于秋季空气干燥，加以皮肤与衣服、衣服与衣服之间的摩擦，便会产生更多的静电，又由于老年人的皮肤比年轻人相对干燥，加上心血管系统老化、抗干扰能力减弱等因素，更容易受静电的危害，引发心血管疾病。专家建议，为防止静电，室内要保持一定的湿度；少穿皮、毛和化纤质地的衣物，特别是中老年人，应尽量穿纯棉制品；脱衣服后，用手轻轻摸一下墙壁，将体内静电“放”出去。

“温馨提示”

经常操作电脑或长期被家电“包围”的人，应多喝水、勤洗脸，保持生活、工作环境的湿度，避免电脑屏幕或家用电器电场产生的静电危害，避免因其长期刺激使脸部或皮肤形成“电脑斑”。

2．妨碍生产

在化学纤维纺织工业中，由于纤丝与金属机件的相互摩擦，会使纤丝带电而相互排斥，以致丝松散，整理困难，产生乱丝，在印刷行业中，出于纸张与胶轮等摩擦产生静电，使纸张难于整理等均是静电妨碍生产的缘故。图 5-4 所示为印刷行业为提高印刷生产效率，选用先进设备，减少纸张与胶轮等摩擦所产生静电的示意图。

3．影响产品质量

在塑料制品进行模压加工时，经常产生静电，使模具上吸附大量灰尘，影响塑料制品的外观质量。在胶片生产中，则因静电火花使胶片经常感光，留下许多斑痕，造成废品。图 5-5 所示为选用先进设备减少静电火花，确保洗印胶片质量的示意图。

图 5-4　选用先进设备降低了静电的影响

图 5-5　先进设备消除了静电火花的影响，提高了洗印胶片质量

4．会使易燃易爆品起火和爆炸

如果在接地良好的导体上产生静电荷后，静电荷会很快泄漏到大地中去；但如果是绝缘体上产生静电，则电荷会越积越多，形成很高的电位。当带电体与不带电体或电位很低的物体接近时，如电位差达到 300V 以上，就会产生放电现象，并产生火花。静电放电的火花能量达到或大于周围可燃物的最小着火能量，而且可燃物在空气中的浓度或含量也在爆炸极限范围以内时，就能立刻引起燃烧或爆炸。在石油化工等工艺过程中静电放电火花引起燃烧爆炸的情况是经常发生的。图 5-6 所示为工人师傅认真检测静电泄漏装置，以确保易燃易爆品的安全生产。

图 5-6　认真检测静电泄漏装置，确保易燃易爆品的安全

一般易燃易爆物质的最小着火能量都很小，如氢仅为 0.019 毫焦耳，约相当于一枚订书钉从一米高处自由下落所具有的能量。可燃物质最小着火能量和混合物浓度以及可燃粉尘的最小着火能量和爆炸极限如表 5-1 与表 5-2 所示。

表 5-1　可燃物质着火能量和混合物浓度

可燃气体及蒸气名称	最小着火能量（毫焦耳）	空气中混合物的浓度（%）
丁酮	0.29	—
甲烷	0.28	8.5
丙烷	0.26	5～5.5
丁烷	0.25	4.7
苯	0.20	4.7
乙炔	0.019	—
氢	0.019	28～30
二硫化碳	0.009	28～29
乙烯	0.009 6	—
二乙基醚	0.19	5.1

表 5-2 可燃粉尘的最小着火能量和爆炸极限

可燃粉尘名称	最小着火能量（毫焦耳）	最低爆炸极限（克/米³）
铝	50	25
镁	80	20
煤	40	35
虫胶	10	15
棉绒	25	50
生硬橡胶	50	25
醋酸纤维素	15	25
酚醛树脂	10	25
聚乙烯	30	25
聚苯乙烯塑胶	10	15
合成橡胶	30	30
乙烯树脂	160	40

二、控制静电产生的方法

控制静电的产生，主要是控制工艺过程和工艺过程中所用材料的选择；控制静电的积累主要是设法加速静电的泄漏和中和，使静电不超过安全限度。接地、增湿、加入抗静电添加剂等属于加速静电泄漏的方法；运用感应中和器、高压中和器、放射线中和器等装置消除静电危害的方法均属于加速静电中和的方法。

下面分别阐述控制静电的产生和积累的基本方法。

1．减少摩擦起电

（1）减少传送皮带与带轮间摩擦。在传动装置中应减少皮带与带轮等其他传动件间的打滑现象，如皮带要松紧适当，保持一定的拉力，并避免过载拉不动的现象。尽可能采用导电胶带或传动效率较高的导电三角带。

在输送可燃气体、易燃液体和易燃易爆物体的设备上，应采用直接轴传动，一般不宜采用皮带传动；如果要皮带传动，则必须采取有效的防静电措施。

（2）限制易燃可燃液体在管道中的流速。限制易燃和可燃液体的流速，可以减少静电的产生和积累。当液体平流时，产生的静电量与流动速度成正比，与管道内径大小无关，当液体紊流时，产生的静电量则与流速、管道内径成一定量的正比。

2．设置接地、释放静电

接地可以将带电体上的静电荷通过接地装置或接地导体较迅速地引入大地，从而消除了静电荷在带电体上的积累，如图 5-7 所示。

图 5-7 金属链接地

（1）接地对象。

① 在易燃易爆场所，凡能产生静电的所有金属容器、输送机械、管道、工艺设备等。

② 输送油类等易燃液体的管道、贮罐、漏斗、过滤器以及其他有关的金属设备或物体。

③ 处理可燃气体或物质的机械外壳、转动的辊筒及一些金属设备。

④ 加油站台、油器车辆、船体、铁路轨道、浮顶油罐。

⑤ 采用绝缘管道输送物料能产生静电的情况，在管道外的金属屏蔽层应接地，最好采用内壁衬有铜丝网的软管并接地。

（2）接地方式。

① 油罐罐壁用焊接钢筋或扁钢接地。

② 注油金属喷嘴与绝缘输油软管应先搭接后接地。

③ 铁路轨道、输油管道、金属栈桥和卸油台等的始末端和分支处应在每隔 50m 有一处接地。

④ 输油软管或软筒上缠绕的金属件也应接地。

⑤ 贮油罐的输入输出管间如有一定距离时，应先用连接件搭接后接地。

⑥ 在易燃液体注入容器时，注入器件（如漏斗、喷嘴）应接地。

（3）接地要求。

① 室外贮罐体如已有防雷措施，并互相有可靠的电气连接，可不另装静电接地。每个罐至少有两处以上的接地点，间距不大于 30m。

② 地上或地下敷设的可燃易燃液体、可燃气体管道的始端终端、分支处及直线段每隔 200～300m 处均应设置接地点，车间内管道系统接地点不应少于 2 处。

③ 两平行管道间距小于 10cm 时，每隔 20m 处用金属跨接，金属结构或设备与管道平行或相交间距小于 10cm 时，也应跨接。

④ 搭接线或螺栓连接处，其接触电阻不应超过 0.03Ω，并应采用铜片包垫。

⑤ 如独立设置静电接地时，与防雷接地装置的距离不得小于 3m，并且与易燃易爆物排出口也应保持 3m 以上的距离。

⑥ 接地电阻不应大于 10Ω。

⑦ 设备、管道连接的跨接端及引出端的位置，应选择在不受外力损伤，便于检查维修，且能与接地干线容易相连的地方。

⑧ 在土壤中，有强烈腐蚀性的地区，应采用镀锌的接地体。一般敷设在地下的接地体都不宜涂刷防腐油漆。

（4）静电接地体制作。

① 静电接地体的用料。静电接地体的用料如表 5-3 所示。

表 5-3　静电接地体的用料

材　料	用　途						
	建筑物内	建筑物外	地下	槽车	管道设备跨地	缠绕绝缘管用	缠绕橡皮管用
扁钢	25 × 4	40 × 4	40 × 5				
圆钢	$\phi 8$	$\phi 10$	$\phi 12$				
角钢			L50 × 50 × 5				

续表

材料	用途						
	建筑物内	建筑物外	地下	槽车	管道设备跨地	缠绕绝缘管用	缠绕橡皮管用
钢管			Dg50				
金属编织软钢线				≥25mm²	≥ϕ16mm²	≥2.5mm²	≥1.5mm²

② 静电接地体的制作。根据表5-3所示用料要求，按图5-8所示进行静电接地体的制作。

3．屏蔽

屏蔽是用接地导体（即屏蔽导体）靠近带静电体放置，以增大带静电体对地电容，降低带电体静电电位，从而减轻静电放电危险的方法。此外，屏蔽还能减小可能的放电面积，限制放电能量，防止静电感应。

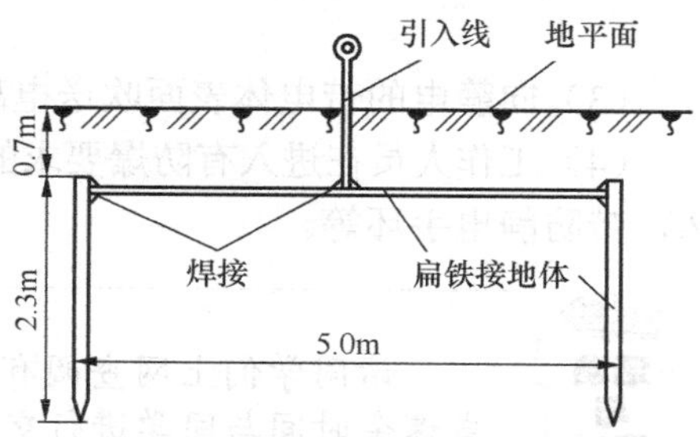

图5-8 静电接地体制作图

4．降低电阻率

当物质的电阻率小于$10^6\Omega \cdot cm$时，就能防止静电的积累。降低电阻率常采用下述方法。

（1）添加导电填料。用掺入导电性能良好的物质的方法来降低电阻率。如在橡胶的炼制过程中，掺入一定量的石墨粉，即能使橡胶的电阻率降低，而成为导电橡腔；在塑料生产中，掺入少量的金属粉末或石墨粉等导电性物质，制成低电阻率塑料；在工业用油中，掺以少量的酒精或微量的醋酸；在苯中注入一些油酸镁等金属皂，均能降低其电阻率。

（2）采用防静电剂。防静电剂以油脂为原料，主要成分为季胺盐，它的作用是使化纤、橡胶、塑料等物体的表面吸附空气中的水分，增加表面电导率。如SN用离子抗静电剂，在聚乙烯化纤纺织和聚乙烯醇合成纤维抽丝过程中，只要少量涂抹，即能使静电电压限制在几十伏内；在生产涤沦短纤维上使用的阴离子型PK抗静电油剂和在长纤维上使用的MOA3·PK油剂等，都有较好的抗静电性能；在生产防静电传输带时，在原料丁腈橡胶中加入防静电剂以及在聚酯薄膜或其他塑料用品上加入或涂上SM防静电剂电都有一定的效果；在化纤纺织中加入环氧丙烷亲水基因，在感光胶片上涂防静电剂等，都能使表面电阻率或体积电阻率大大下降而减少静电的积累。

5．增加空气湿度

当空气的相对湿度在65%以上时，物体表面往往会形成一层极薄的水膜。水膜溶解空气中的二氧化碳，使表面电阻率大大降低，静电就不易积累。如果周围空气的相对湿度低于40%时，则静电不易逸散，就有可能形成高电位。增加空气湿度的常用方法是向空气中喷水雾。一般均选用旋转式风扇喷雾器，但应注意防爆问题。

6．利用静电消除器

利用静电消除器来电离空气中的氧、氮原子，使空气变成导体，就能有效消除物体表面的静电荷。常用的静电消除器如图5-9所示。

（1）感应式静电消除器，它可分钢件接地感应式、刷型感应式、针尖感应式等。主要用于造纸、橡胶、纺织、塑料等生产及其加工行业中。

（2）高压式静电消除器，它主要有外加式、工频交流式、可控硅、交流高额高压式等。在化工、纺织、印刷、橡胶等工业上可根据不同的要求选用。此外，还有高压离子流、放射型、辐射型等，适用于其他特殊场所。

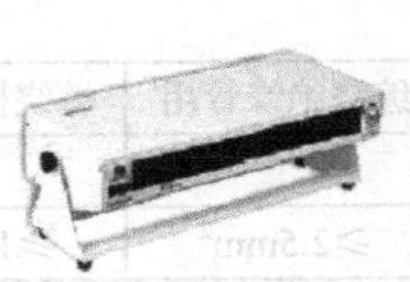

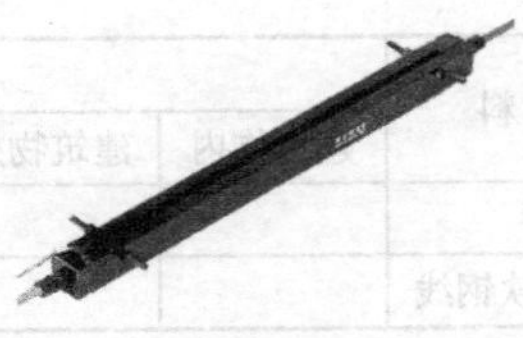

（a）离子风机　（b）防静电手环　（c）离子风枪　（d）离子棒

图 5-9　静电消除装置

（3）向静电的带电体表面吹送电离的空气或用放射电离法消除静电。

（4）工作人员在进入有防爆要求的车间前，应先消除人体上的静电，如抚摸接地金属板、棒，带防静电手环等。

请同学们上网查阅有关静电在人们生活和生产中应用的实例，并在课堂上或课余时间与同学进行交流。

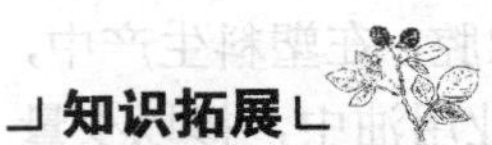

拓展 1　能释放电的动物

自然界有一些能发电的动物。生活在南美洲亚马孙河和圭亚那河的电鳗，外形细长，体表光滑无鳞，背部黑色，腹部橙黄色，没有背鳍和腹鳍，臀鳍特别长。成年电鳗身长 2m 左右，质量可达 20kg。

电鳗是淡水鱼中放电能力最强的，输出电压 300～800V。常有人因触及电鳗放出的电而被击昏，甚至淹死。因此，电鳗有水中“高压线”之称。

电鳗的发电器官由许多电板组成。分布在身体两侧的肌肉内，尾部为正极，头部为负极，整个身体相当于一个大电池。电鳗放电主要是为了自身的生存需要，是捕获其他动物的一种手段。它能够轻而易举地把比它小的动物击死，有时还会击毙比它大的动物。正在河里涉水的马或游泳的牛也会被电鳗击昏。

电鳗释放电流一段时间后，由于电能耗尽而无法再放电，必须经过休息和补充丰富的营养后再放电。因此，南美洲的土著居民便利用这一特点捕捉它们。

拓展 2　静电技术的应用

随着理论研究的深入，静电技术的完善，已经广泛应用于基础理论研究、信息工程、空间技术、计算机工程、大规模集成电路生产、环境保护、生物技术、选矿和物质分离、医疗卫生消毒、食品保鲜、石油化工、纺织印染、农业生产等各个领域。目前，较为成熟的技术

包括静电除尘、静电分选、静电植绒、静电喷涂等。但静电的作用还远不止这些，表 5-4 所示为一些静电应用事例。

表 5-4　　静电应用事例

事　例	实　例　图	说　明
静电除尘	收纳式静电除尘刷	收纳式静电除尘刷可以消除衣服中的灰尘
静电分选	静电分选设备	静电分选就是利用静电对多种混杂在一起的物质进行分选物质的方法。静电分选设备操作方便，工作效率高
静电植绒	漂亮的静电植绒布	静电植绒可以使绒毛植在涂有粘着剂的纺织物上，形成像刺绣似的纺织品
静电喷涂	静电复印机	静电喷涂就是将粉末涂料，通过静电作用涂敷在被涂物体上，并通过一定时间温度的烘烤形成涂层的过程。复印机就是利用静电技术将图书、资料、文件迅速、方便地复印下来的装置

拓展 3　奥特卡尼与他的复印机

在当今"信息爆炸"的时代，复印机成了人们不可缺少的专用工具。人们在几秒钟的时间内，就能完成一份文件的复制，从而摆脱了繁重的抄写工作，并由此促进了信息的传播。然而，人们也许不知道，复印机的发明凝聚着一位杰出发明人 20 多年的光阴和心血。卡尔森是美国纽约市的一个发明爱好者。从 1936 年开始，他就注意到当时的人们在需要文件复本时，往往通过成本较高的照相技术来完成。由此，他想发明一种能快速并经济地复制文件的机器。他跑遍了纽约的各个图书馆，搜寻有关这方面的技术书籍。

奥特卡尼与他的复印机

一天，他来到朋友的工厂里，一位来自匈牙利的工程师给他展示了一种当光线增强时能够产生导电性质的物质。卡尔林豁然开朗，意识到这种物质在他的发明中很有应用价值，并把研究重点转向了静电技术领域。

于是卡尔森在纽约市的一个酒吧里租了一个房间作为实验室，并和他的助手——一个名叫奥特卡尼的德国物理学家开始静电复制技术的试验。1938 年 10 月 22 日，奥特卡尼把一行数字和字母“10、22、38、ASTORIA”印在玻璃片上，又在一块锌板上涂了一层硫磺，然后在板上使劲地摩擦，使之产生静电。他又把玻璃板和这块锌板合在一起用强烈的光线扫描了一遍。几秒钟之后，他移开玻璃片，这时，锌板上的硫磺末近乎完美地组成了玻璃片上的那行数字和字母“10、22、38、ASTORIA”。

静电复制技术终于有所突破，又经过几十年的研究终于生产出了第一台办公专用自动复印机，且像雪球一样越滚越大。今天，复印机已成为全球一项庞大的产业。

思考与练习

一、填空题

1．静电现象是一种常见的______________现象，是在宏观范围内暂时失去平衡的相对静止的_________和_________。

2．控制静电的产生和积累的基本方法有：_______________等。

3．静电的危害是：____等。

4．控制静电产生的方法有：_____________________________________。

5．静电技术的应用，有：____等。

二、选择题（将正确答案的序号填入括号中）

1．玻璃与丝绸摩擦时，（　　）。

A．玻璃带正电，丝绸带负电　　B．玻璃带负电，丝绸带正电　　C．不能确定

2．经常操作电脑或长期被家电“包围”的人，应（　　），能避免电脑屏幕或家用电器电场产生的静电危害，避免皮肤形成“电脑斑”。

A．多吃辣、勤换衣，保持生活、工作环境的湿度

B．多喝水、勤洗脸，保持生活、工作环境的湿度

C．多喝水、勤洗手，保持生活、工作环境的湿度

3．当液体平流时，产生的静电量与流动速度（　　）。

A．成正比　　B．成反比　　C．无关系

三、简答题

1．静电的危害有哪些？防止静电危害的主要措施有哪些？

2．静电要成为引起爆炸和火灾的点火源，必须充分满足哪些条件？

3．静电在日常生活中有哪些应用？

模块六　电气安全知识与接地装置

电气安全工作是一项综合性的工作，有工程技术的一面，也有组织管理的一面。工程技术和组织管理相辅相成，有着十分密切的联系。电气安全工作主要有两方面的任务：一方面是研究各种电气事故，研究电气事故的机理、原因、构成、特点、规律和防护措施；另一方面是研究用电气的方法解决各种安全问题，即研究运用电气监测、电气检查和电气控制的方法来评价系统的安全性或获得必要的安全条件。

通过本模块的学习（操练），了解电气安全知识、熟悉接地装置，让“电老虎”乖乖地为人类社会服务。

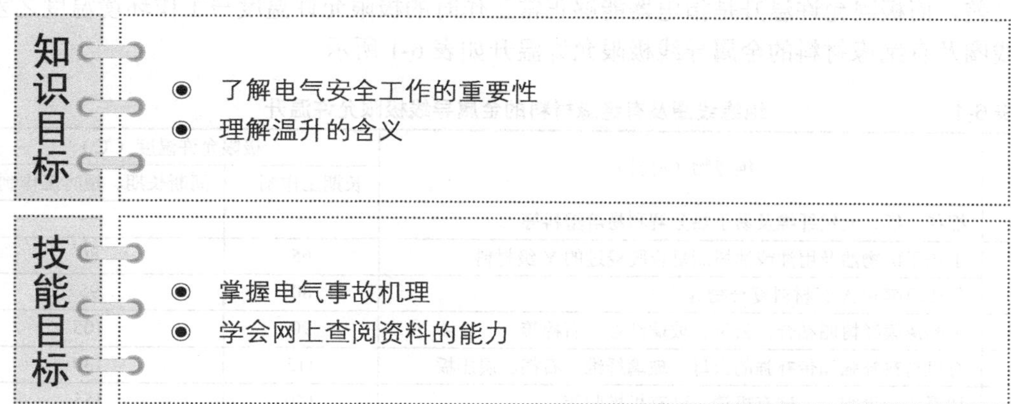

知识目标
◉ 了解电气安全工作的重要性
◉ 理解温升的含义
技能目标
◉ 掌握电气事故机理
◉ 学会网上查阅资料的能力

情景模拟

人与自然的和谐就是生产发展、生活富裕、生命安全、生态良好。人要适应自然环境，遵循自然规律，这样就会得到自然界的有利回报，反之抗拒规律、破坏规律，就要受到自然界的惩罚，甚至付出生命的代价。随着经济社会的持续快速发展，绝不能以高发的生产事故和人的生命为代价。当前，我国的安全生产形势依然严峻，事故总量居高不下，各类事故隐患总是存在，因此研究电气事故机理，提高企业员工的安全生产素质十分必要。

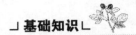

基础知识

知识一 电器发热与允许温度

一、电器的温升

用电设备的选用不当、安装不合理、操作管理不按相关的技术规范执行，往往会导致电气事故，如触电伤亡、引起电气火灾。其中电气火灾，很大程度是电器过度发热所引起的。

用电设备在运行过程中，由于电流通过导体和线圈而产生电阻损耗；交变电流所产生的磁场，在铁磁体内要产生涡流和磁滞损耗；在绝缘体内还要产生介质损耗。所有这些损耗几乎全部转化为热能，一部分散失到周围介质中去，另一部分加热了用电设备，使其温度升高，特别是过负荷运行或短路事故等状态下，温度上升更急剧，当温度升高到一定程度时，电气绝缘强度受到破坏，机械强度下降，寿命降低，甚至很快烧毁电气设施，引起火灾及其他事故。

为了保证电器的安全使用和具有一定的寿命，一般都要对电器各部分的最高温度有明确的规定，这一点是用极限允许温升来衡量的。所谓温升是指电器运行中自身温度与工作环境温度之差，而极限允许温升是指电器能够正常工作时的极限允许温度与工作环境温度之差。绝缘线圈及有绝缘材料的金属导线极限允许温升如表 6-1 所示。

表 6-1　绝缘线圈及有绝缘材料的金属导线极限允许温升

级别	绝缘物（材料）	极限允许温度（℃）	
		长期工作制	间断长期、短时工作制
Y 级	棉花、纸、天然纤维及易于热分解和易溶塑料等	—	—
A 级	工作于矿物油及用油或油树脂复合胶浸过的 Y 级材料	65	80
E 级	聚酯薄膜和 A 级材料复合物等	80	95
B 级	聚酯薄膜经树脂粘合，云母、玻璃纤维、石棉等	90	105
F 级	有机材料补强和带补强的云母、玻璃纤维、石棉、层压板	115	130
H 级	加厚的云母制品、硅有机漆、硅有机橡胶等	140	155
C 级	石英、石棉、云母、玻璃等无机物和电瓷材料等	—	—

注：海拔高度不同，极限温度不同。表中所指为海拔不超过 500mm，如超过 500mm，其基本修正值是每增高 500mm 加 2℃。

二、电器的发热与散热

1．发热

电器发热的主要原因是电器中各部分存在着电能损耗，包括电流流过导体时产生的电阻损耗、铁磁体在交变磁场下的涡流和磁滞损耗及绝缘体在交变磁场作用下的介质损耗。同时，开断电器时的电弧、运动部位的摩擦等，也能引起电器的发热。

（1）电阻损耗。电流流过导体时克服电阻作用消耗的功率称为电阻损耗，其大小为

$$P = k_{tg} I^2 R$$

式中：P——损耗的功率（瓦）；

I——通过导体的电流（安）；

R——导体的电阻（欧）；

k_{tg}——附加损耗系数（集肤效应、临近效应）。

（2）涡流损耗与磁滞损耗。所谓涡流是指在变化磁场中的导电物质内所产生的感应电流，或抗磁通变化所产生的感应电流。当载流导体经过铁质部件的窗口或缠绕铁质部件时（如电动机定子、变压器铁心），由载流导体产生的磁通经过铁质零部件形成闭路，当磁通反复变化时，在铁质部件中产生涡流。由于铁质的导磁率很高，而磁通变化速度又快，因而产生相应的感应电动势和涡流损耗，引起电器发热。同时，磁通方向和数值变化，也使铁磁场物质反复磁化和去磁而产生磁滞损耗，导致载流导体周围的铁质零部件发热。

所谓磁滞是指当铁磁质达到磁饱和状态后，如果减小磁化场 H，介质的磁化强度M（或磁感应强度 B）并不沿着起始磁化曲线减小，磁化强度（或磁感应强度）的变化滞后于磁化场变化的现象。图 6-1 所示为强磁物质磁滞现象的曲线。

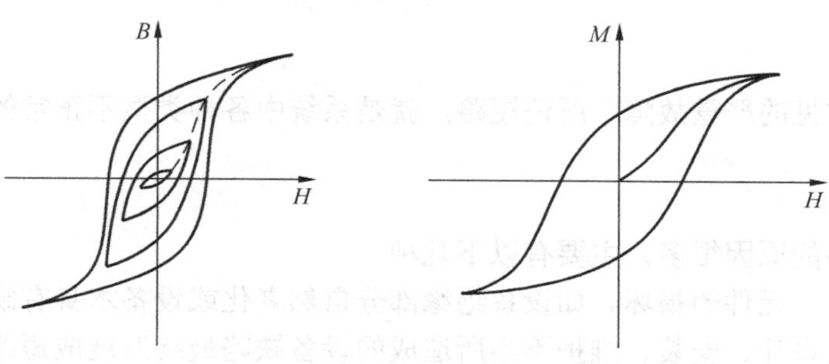

（a）强磁体的正常磁化曲线　　（b）强磁物质的磁滞回路

图 6-1　强磁物质磁滞现象的曲线

铁磁体中的损耗（涡流损耗与磁滞损耗）比较复杂，它与铁磁体的磁感应强度有关。磁感应强度越强铁磁体中的涡流损耗与磁滞损耗也越大。

（3）绝缘体介质损耗。绝缘体中的介质损耗在低压电器中数值较小，而在高压电器中这种损耗引起的发热是比较大的，甚至引起介质击穿。

2. 散热

电器的散热形式有热传导散热、热对流散热和热辐射散热 3 种。

（1）热传导散热。热传导散热是指物质内部质点之间能量的相互作用，把能量从一质点传递到另一相邻质点。在液体和固体绝缘材料中，能量是通过等波的作用在质点之间传播的；在空气中，热传导过程则伴随着气体原子和分子的扩散而产生；而在金属中，热传导则是由原子的扩散而传递的。

（2）热对流散热。热对流散热是不断运动着的冷介质——液体或气体将热量带走的过程。这种散热只在液体和气体中发生（如变压器油、电动机风机形成的空气流动等）。自然对流发生在不均匀的加热介质中，在高温区域介质密度小于冷却的区域，因此较热的质点向上运动，冷却的质点向下运动，导致介质质点的移动，并在其中产生热交换。在电器中为了强化冷却作用，有时要强迫对流进行散热。

（3）热辐射散热。热辐射散热是电磁波传递能量的一种形式。

电器中的损耗产生的热量一部分通过热传导散热、热对流散热和热辐射散热 3 种方式向周围介质发散，另一部分却使自身温度升高。如果电器散热条件遭到破坏，就会导致电器自身温度迅速升高，轻者损坏绝缘，重者则烧毁电器，引起火灾。

请同学们上网查阅相关资料，了解电器的发热起因，以及它对人类生活工作的危害与应用案例，并在课堂上或课余时间与同学进行交流。

知识二　电气的短路、过载与电弧

国民经济各部门的正常生产及人们的正常生活要求供电系统保证持续、安全、可靠地运行。但是由于各种原因，系统会经常出现各种故障，使正常运行状态遭到破坏。

一、短路

短路是系统常见的严重故障。所谓短路，就是系统中各种类型不正常的相与相之间或相与地之间的短接。

1．短路原因

系统发生短路的原因很多，主要有以下几种。

（1）电气设备、元件的损坏。如设备绝缘部分自然老化或设备本身有缺陷，正常运行时被击穿短路；以及设计、安装、维护不当所造成的设备缺陷最终发展成短路等。

（2）自然原因。如气候恶劣，由于大风、低温导线覆冰引起架空线倒杆断线；因遭受雷击或雷电感应，设备过电压，绝缘被击穿等。

（3）人为事故。如工作人员违反操作规程带负荷拉闸，造成相间弧光短路；违反电业安全工作规程带接地刀闸合闸，造成金属性短路，人为疏忽接错线造成短路或运行管理不善造成小动物进入带电设备内形成短路事故等。

2．短路类型

电气的短路有三相短路、两相短路、单相短路和两相接地短路。三相短路是指三相导线间发生对称性的短路。两相短路是指三相供电系统中任意两相发生的短路。两相接地短路是指三相供电系统中任意一相与中性线（零线或地线）之间的短路。表 6-2 所示为各种短路情况。

表 6-2　各种短路情况

短路故障情况		图例
相间短路	三相短路	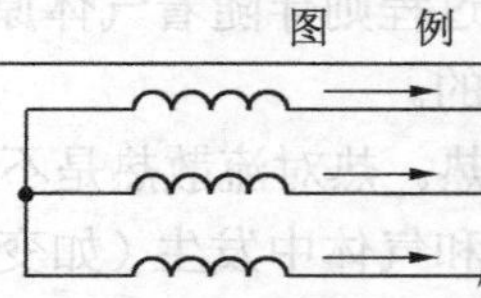 A B C
	两相短路	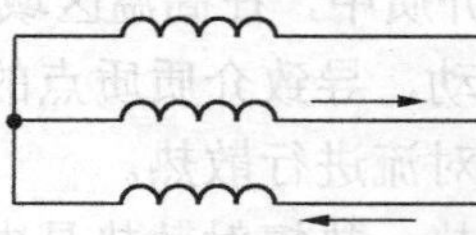 A B C

续表

短路故障情况			图例
接地短路	中性点接地系统	两相接地短路	A B C
		单相短路	A B C
	中性点不接地系统	两相接地短路	A B C
		两相短路	A B C

从短路故障发生的机会来看：单相短路次数最多，两相短路次之，三相短路的机会最少。但一般系统因已采取措施，单相短路电流值不超过三相短路电流。两相短路电流值通常也小予三相短路电流值。所以三相短路造成的后果一般是最严重的，对其应加以足够的重视，给予充分的研究。同时我们也能发现当对各种不对称短路的分析计算采用对称分量法后，最后都将归结于对称的短路计算。因此对称的三相短路研究也是不对称短路计算的基础。

3．短路危害

供电系统发生短路后，电路阻抗比正常运行时阻抗小很多，短路电流通常超过正常工作电流几十倍甚至数百倍以上，它会带来以下严重的后果。

（1）巨大的短路电流通过导体，短时间内产生很大热量，形成很高温度，极易造成设备过热而损坏。

（2）由于短路电流的电动力效应，导体间将产生很大的电动力。如果电动力过大或设备构架不够坚韧，则可能引起电气设备机械变形甚至损坏，使事故进一步扩大。

（3）短路时系统电压突然下降，给用户带来很大影响。例如，作为主要动力设备的异步电动机，其电磁转矩与端电压平方成正比，电压大幅下降将造成电动机转速降低甚至停止运转，给用户带来损失；同时电压降低能造成照明负荷，诸如电灯突然变暗及一些气体放电灯的熄灭等，影响正常的工作、生活和学习。

（4）当系统发生不对称短路时，不对称短路电流的磁效应所产生的足够的磁通在邻近的电路内能感应出很大的电动势。这对于附近的通信线路、铁路信号系统及其他电子设备、自动控制系统可能产生强烈干扰。

（5）短路时会造成停电事故，给国民经济带来损失，并且短路越靠近电源，停电波及的范围越大。

短路可能造成的最严重的后果就是使并列运行的各发电厂之间失去同步，破坏系统稳定，最终造成系统瓦解，形成地区性或区城性大停电。

案例——电器短路酿火灾

2010 年 7 月 20 日凌晨零时许，某住宅楼三楼一单元内发生火灾，一名小男孩在火灾中不幸身亡。

火灾发生时，屋内有一家三口，都已经睡着。疑因电器短路引发的大火迅速将房屋吞没，被惊醒的父母冲到孩子房间，想把他救出来，但因火势过大，很难冲进去，孩子的父亲还因此被烧伤。随后赶来的消防人员奋力营救（见图 6-2）将这名男孩从房间里抱出来，并立即送往医院抢救。但终因伤势过重，这位今年 12 岁的小男孩在送医院途中，不幸身亡。受伤的夫妇俩，被送往医院抢救，次日上午出院。

图 6-2　电器短路酿火灾

火灾发生后，接到报警的消防人员立即赶到现场，展开灭火和救援工作。但火势迅猛，仍将这套单元的室内烧成废墟。记者在现场看到，房间内一片狼藉，仍有刺鼻的浓烟。沙发、床垫、衣柜等可燃物，全部被烧成了灰烬；墙壁和天花板的水泥都完全脱落；房门已经被烧得变形。

大火还波及到楼上的住户。这栋六层楼房的楼道被熏黑，电线被烧断。401 住户的房门也被烧得变形，室外空调机被烧焦。住在六楼的黄女士说，昨日凌晨时分，她刚入睡，就听见楼下有人喊“着火了”。跑到窗外一看，一股浓烟从楼下飘上来。惊慌之中，黄女士立即带着一家人出门逃生。此时，楼道内已经布满浓烟，他们从顶楼走到另一栋楼，才脱离了危险。

经消防部门调查，初步认定该火灾系电器短路引发。

二、过载

过载也称为过负荷运行，所谓过载是指超过电气线路和设备的允许负荷运行的现象。负荷是指电气设备或用户的电流及功率而言。

电气线路中允许连续流过而不致电线过热的电流大小称为安全载流量或安全电流。一般情况下，线路中电流不允许超过安全载流量。在额定电压下，电气设备均有额定的输出功率，一般情况下，不允许超过设备的额定输出功率运行。线路和设备过载运行时，可能产生的危害如下。

（1）过载运行必然导致电气设施发热增加，引起电气绝缘加速损坏，缩短其使用寿命，严重时，可能直接引起短路事故。

（2）过载运行使线路中电流加大，导致连接点温度快速升高，可能直接引燃可燃物质。

（3）过载运行，使电气设备处于危险状态下，情况严重时会立即烧毁电气设备，甚至引起火灾等其他二次事故。

为了防止电气系统过载危害，就必须正确的选用导线截面、控制开关容量、保护设备（自动开关、熔丝等）容量等。

案例——家电超负荷运转引发大火

2009 年 4 月 12 日 17 时 38 分，某消防支队接到报警称：某住宅楼发生火灾，情况万分

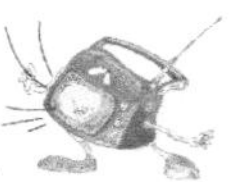

危急。接到报警后，消防支队立即出动2辆消防车、11名指战员赶赴火灾现场（见图6-3）。

消防官兵到达现场后经侦察发现：滚滚浓烟从二楼窗口不断向外涌出，起火楼房的其他住户群众已全部从楼内撤离了出来，情况万分危急。根据现场情况，中队指挥员果断下达战斗命令，将人员分成两个小组，第一小组佩带空气呼吸器进入到楼内彻底排查并架设水枪阵地，实施内部灭火；第二小组设立警戒线，防止无关人员靠近。战斗命令下达后，各小组迅速展开战斗。大约20分钟后火灾被彻底扑灭。

图6-3 家电超负荷引发大火

据初步调查，此次火灾是由于家用电器超负荷运转导致短路引起火灾的。

"温馨提示"

若遭遇失火头脑要冷静

当发现自己的住宅失火时，头脑要冷静，一方面要及时报火警，另一方面要组织力量将火扑灭于初级阶段，一旦火势蔓延扩大，应迅速离开火场。撤离过程中如遇浓烟，应迅速趴在地面上或蹲着，戴上防毒面具，或者用湿毛巾（无水时干毛巾也可）捂严口和鼻，以便迅速冲出烟雾区，如图6-4所示。

图6-4 头脑冷静撤离现场

当楼房失火时，应沿楼梯迅速撤离起火区，如果楼梯被火和烟雾封住，就不要硬走楼梯，应该寻找未发生燃烧的房间，将房门封闭，防止烟火侵入。当大火逼近房间，应打开窗户或到阳台呼救，也可连接自救绳逃生，千万不要跳楼。

如果衣服被烧着，应尽快脱掉就地扑打；如果来不及脱掉，应躺在地上就地翻滚或用水浇灭。不要带火奔跑。

三、电弧

在大气中开断电路时，如果电源电压超过12～20V、被切断的电流超过0.25～1A时，在开关触头接触部位的间隙中通常产生一团温度极高、发光极强，并能导电的圆柱形气体，即产生电弧。配电系统中相线之间或相地线之间距离接近或者有异物跨接两线时，两线之间也可能形成电弧。接触部位间隙中的气体由绝缘状态变为导电状态，使气体得以导通电流的这种电弧现象，实质是气体放电的一种形式。

电弧的温度极高，发光很强，被广泛用于焊接、熔炼或作为强光源等各个技术领域，但是开关电器的触头部位及导线之间等处产生电弧，会带来很强烈的危害，主要表现在以下几方面。

（1）电弧的产生阻碍或延迟了电路的切断。由于电弧产生后使电流继续流过弧隙，电路就仍保持导通状态，随着电弧的熄灭，电路才能断开，因而妨碍了电路状态的控制，情况严重时可能造成电路中仪表等设备的损坏或产生其他损失。

（2）电弧产生将烧损用来接通和开断电路的开关触头。电弧的温度极高，如不能及时熄灭，有可能烧毁触头、破坏绝缘，情况严重时，甚至引起开关电器的爆炸和火灾。

（3）电弧引燃附近的可燃物。电弧所具有的高温及电弧燃烧时掉落下的熔融金属，可以直接引燃附近的可燃物质，造成火灾。常用的灭弧方法如表 6-3 所示。

表 6-3　常用的一些灭弧方法

灭弧方法	说明
冷却灭弧法	降低电弧温度，使离子运动速度减慢，这样不但能使热游离作用减弱，同时离子复合作用也增强，有利于熄灭电弧。在交流电弧中，当触头电压过零时，复合现象特别强烈，复合的速度也与电弧温度有关，温度越低，复合作用越强烈，因而电弧就越易熄灭
速拉灭弧法	电弧的燃烧必须有一定的电压来维持，如果在开断触头时加速离开，将电弧快速拉长，从而很快降低了触头之间的电场强度，或者说电弧电压不足以维持电弧的燃烧，使电弧立即熄灭。这也就是我们通常操作闸刀开关时快速拉开闸刀的道理
短弧灭弧法	将长弧切成几个短弧是有利于灭弧的。一般采用绝缘夹板夹着许多金属栅片组成的灭弧栅，罩住开关触头的全行程。当触头分离时，长电弧在电动力和电场的作用下迅速移入灭弧栅，结果长弧被灭弧片割成一连串的短电弧，使触头间的电压不足以再击穿所有栅片间的气隙，而使这些短弧同时熄灭，并且不再复燃
狭缝灭弧法	利用狭缝窄沟灭弧是使电弧与固体介质接触，将电弧冷却，加强去游离，同时电弧在狭窄沟中燃烧，压力增大，特别是有产气材料时使去游离作用更加强烈，有利于电弧的熄灭
气吹灭弧法	利用任何一种较冷的绝缘介质的气体来纵吹电弧（气流方向与弧柱平行）或横吹电弧（气流方向与弧柱垂直），可以使电弧迅速扩散，加强冷却，从而达到熄弧的目的
真空灭弧法	真空具有较高的绝缘强度，如将开关触头装置于真空中，则当电流过零时，即能熄灭电弧。为防止产生过电压，应当不使触头分开时电流突变为零，为此宜在触头间产生少量金属蒸气，以便形成电弧通道，当交变电流自然下降为零时，这些等离子态金属蒸气便在真空中迅速飞散熄灭电弧

上述灭弧方法中，冷却灭弧是基本的灭弧方法，再配合其他灭弧方法，形成各种开关电气的灭弧装置。例如，高压隔离开关和低压分断开关中是采用冷却灭弧加速拉灭弧的；在充填石英砂的管形熔断器中，利用狭缝灭弧加冷却灭弧；在低压自动空气开关及接触器和带灭弧罩的刀开关中，应用短弧加冷却灭弧的方法；在压缩空气断路器、油断路器中，广泛利用气吹灭弧方法。近年来还采用 SP_6 作为灭弧介质，使灭弧能力提高几十倍以上。而真空灭弧法多应用于真空断路器中，取得比较理想的效果。

案例——开关跳闸，产生电弧引发大火

2009 年 12 月 5 日下午 1 时 45 分许，某市区住宅楼内浓烟滚滚，如图 6-5 所示。由于消防员及时赶到和小区保安正确的疏散，未造成人员伤亡。从调查中了解到，起火原因是住宅楼内开关跳闸，产生电弧引发大火。

图 6-5　开关跳闸引发大火

请同学们上网查阅相关资料，了解电气的短路、过载的起因，以及它对人类生活工作的危害案例，并在课堂上或课余时间与同学进行交流。

知识三　电气设备中的绝缘

凡有绝缘层保护的导线或导电部件，如果绝缘层受到损坏或绝缘性能降低，就会造成漏

电或短路。对导线绝缘的要求，除了增进绝缘性能外，还应针对绝缘层损坏的各种因素和形式采取相应的防范措施。

一、绝缘防护与绝缘材料

1．绝缘防护的作用

电气设备无论其结构多么复杂，都可看作是由导电材料、导磁材料和绝缘材料这三者组成的。这些设备有些没有导磁体（如白炽灯、电阻炉等），有些设备有导磁体（如电动机、变压器、电磁开关），但导电体和绝缘体却是任何电气设备不可缺少的两个基本构成部分。使用绝缘材料将带电导体封护或隔离起来，使电气设备及线路能正常工作，防止人身触电，这就是所谓绝缘防护。比如用绝缘布带把裸露的接线头包扎起来就是绝缘防护的一例，如图 6-6 所示。完善的绝缘可保证人身与设备的安全；绝缘不良，会导致设备漏电、短路，从而引发设备损坏及人身触电事故。所以，绝缘防护是最基本的安全保护措施。

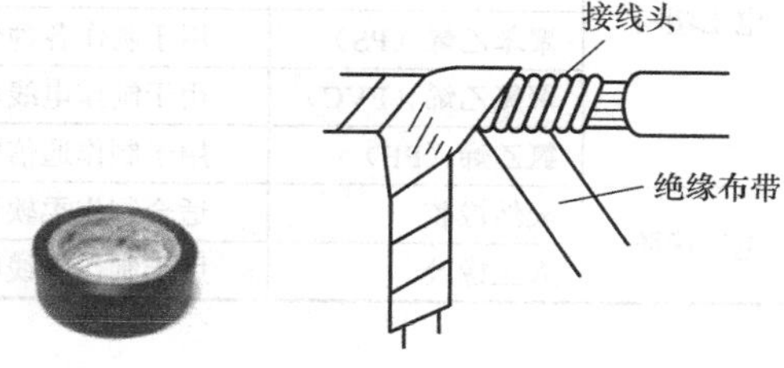

（a）绝缘布带　　（b）包扎裸露的接线头

图 6-6　用绝缘布带把裸露的接线头包扎起来

绝缘按其防护部位不同，可分为主绝缘和匝间绝缘。主绝缘又可分为带电导体之间的绝缘（如交流回路的相间绝缘或直流回路正、负极间的绝缘）和带电导体与“地”之间的绝缘（如带电导体对设备金属外壳、金属结构或人体之间的绝缘）。匝间绝缘也称纵绝缘，是指电动机变压器绕组及电器线圈相邻线匝之间的绝缘。相（极）间绝缘的损坏，将导致设备或线路相（极）间短路；对地绝缘损坏（俗称“碰壳”），将会使设备漏电而导致人身触电。匝间绝缘损坏，将引起设备匝间短路。

2．常用绝缘材料

通常我们把电阻率大于 $10^7\Omega\cdot m$ 的物质所构成的材料叫绝缘材料。绝缘材料的主要作用是将带电体与不带电体相隔离，将不同电位的导体相隔离，确保电流的流向或人身安全，在某些场合，还起支撑、固定、灭弧、防电晕、防潮湿的作用。绝缘材料在电力系统中有广泛的应用，如用作电器、电机的底板、底座、外壳及绕组绝缘，导线的绝缘保护层、绝缘子等用的胶木、陶瓷、云母、塑料、橡胶、玻璃、绝缘漆、绝缘带（电工黑胶布、黄腊带或涤纶薄膜带）等。

绝缘材料的品质在很大程度上决定了电工产品和电气工程的质量及使用寿命，而其品质的优劣与它的物理、化学、机械和电气等基本性能有关，主要有耐热性、绝缘强度和力学性能。电气设备的绝缘材料长期在热态下工作，其耐热性是决定绝缘性能的主要因素。因此，对各种绝缘材料都规定了使用时的极限温度。按绝缘材料在其正常运行条件下允许的最高工作温度，将其分成 Y、A、E、B、F、H、C 7 个耐热等级，其极限工作温度分别为 90℃、105℃、120℃、130℃、155℃、180℃、180℃以上。

绝缘材料在电力系统中有广泛的应用，如用作电器和电动机的底板、底座、外壳及绕组绝缘，导线的绝缘保护层，绝缘子等。此外，电力变压器冷却油、断路器用油、电容器用油以及电器、电动机设备的防锈覆盖油漆等均需要有良好的绝缘性能，这些也属于绝缘材料范围。电工常用绝缘材料和用途如表 6-4 所示。

表 6-4 电工常用绝缘材料和用途

名　称	常用材料	主要用途
绝缘粘带	电工胶布	电工用途最广、用量最多的绝缘粘带
	聚氯乙烯胶带	可代替电工胶布，除包扎电线电缆外，还可用于密封保护层
	涤纶胶带	除包扎电线电缆外，还可用于密封保护层及胶扎物件
电工塑料	ABS 塑料	用于制作各种仪表和电动工具的外壳、支架、接线板等
	尼龙	用于制作插座、线圈骨架、接线板以及机械零部件等，也常用作绝缘护套、导线绝缘层
	聚苯乙烯（PS）	用于制作各种仪表外壳、开关、按钮、线圈骨架、绝缘垫圈、绝缘套管
	聚氯乙烯（PVC）	用于制作电线电缆的绝缘和保护层
	氯乙烯（PE）	用于制作通信电缆、电力电缆的绝缘和保护层
电工橡胶	天然橡胶	适合制作柔软性、弯曲性和弹性要求较高的电力电缆的绝缘和保护层
	人工橡胶	用于制作电线电缆的绝缘和保护层

二、绝缘性能损坏的形式

绝缘性能损坏的形式主要有：老化、击穿、机械损伤等。

1. 绝缘老化

绝缘老化是指电气设备中的绝缘材料，在长期运行中受各种因素影响和应力作用，其物理、化学、电气和机械等性能逐渐发生不可逆的劣化，称绝缘老化。影响绝缘老化的因素很多，如热、电、氧化、水分、光、微生物等。电气设备的绝缘老化过程非常复杂，但主要是热老化和电老化。

绝缘老化过程十分复杂，其主要表现为热老化和电老化。

（1）热老化。绝缘材料经常会受到外界环境或来自本身内部（介质损耗）的热作用。如果在低压高频电场条件下热老化更明显。热老化的机理是：

① 存在于绝缘材料中或老化过程形成的低分子挥发成分的逸出；

② 在热的作用下，有些材料（如聚氯乙烯）会裂解产生有害物质（如氯化氢）引起吹化作用；

③ 在热和氧的作用下，引发生成游离基并参与链反应，结果使大量链断裂，生成单基物或低分子物质，使材料的介电、机械性能下降。

（2）电老化。电老化以发生在高压电器设备中为主，因为高电场强度能造成电离使局部放电时产生臭氧，而臭氧是一种强氧化剂，最易与大分子链的双链起反应，从而使碳碳键断裂，使材料发生臭氧裂解。加之，局部放电会产生氮的氧化物，与潮气结合生成硝酸，发生腐蚀作用。同时局部放电产生高速粒子对绝缘材料的袭击，发生破坏作用，促使绝缘介质损耗增大，使绝缘性能恶化。

（3）氧化、水分、光和微生物。

① 氧化老化——各种材料都有不同的氧化形式，多数塑料由于热裂解成游离基，再与氧

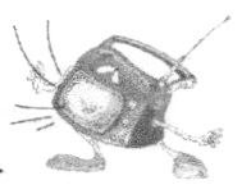

结合生成促使材料老化的罗黑（ROOH）连锁反应。这种反应在液体介质中（如变压器油）会造成酸值变大，使绝缘性能下降。

② 湿度老化——水分能对一些材料起水解作用。水分的存在使材料的介电常数变大，绝缘电阻降低；水分的存在使电晕产生的几种氧化物变为硝酸或亚硝酸而腐蚀金属、纤维及其他绝缘物质；水分的存在为微生物的生成提供了有利条件；水分的存在也会使许多物质离解为离子，加速老化。所以干热与湿热对材料的绝缘寿命要相差40%。据测试，油浸纸绝缘水含量每增加100%，其寿命便缩短50%。

③ 光老化——光对一些材料有切断分子链和交联作用，从而造成材料绝缘发粘、变脆、开裂，失去绝缘性能。

④ 微生物老化——微生物以有机绝缘材料为食物，其繁殖会分解材料的高分子，降低绝缘表面电阻值。

良好的绝缘是人身和设备安全的保证。

2．绝缘击穿

绝缘击穿或称绝缘破坏是指电气设备中的绝缘材料受潮或受到过高的温度、过高的电压时，可能完全失去绝缘能力而导电，称绝缘击穿。绝缘材料一旦被击穿，其绝缘能力便丧失，就容易引起短路，甚至引发火灾。

3．绝缘机械损伤

绝缘机械损伤是指电气设备在制造、安装和维修过程中，由于嵌线不慎、意外碰撞、摩擦等造成的绝缘材料损伤。材料绝缘机械损伤容易发生短路，造成触电或电气火灾事故。

三、防范绝缘事故的措施

防范绝缘事故发生的措施以下。

（1）不使用质量不合格的电气产品。

（2）按规程和规范安装电气设备或线路。例如，电线管与蒸气管道之间的距离应符合规范要求，不能满足时应在管外包以绝热层；又如在有腐蚀性气体或蒸气的场所，明配线应选用塑料绝缘导线，开关设备应装在特制的密封箱内或浸在绝缘油中。

（3）按工作环境和使用条件正确选用电气设备。例如，在浴室、厨房等特别潮湿的场所的照明灯具上应配防潮灯罩，并在灯具与建筑物间衬以防湿垫。潮湿场所使用的电动机，应选用密封型的。

（4）按照技术参数使用电气设备，避免过电压和过负荷运行。过负荷将使绝缘温升过高，过电压有击穿绝缘的危险。

（5）正确选用绝缘材料。例如各种牌号的变压器油的凝固点是不同的，DB-10号油只宜用在环境温度为–10℃以上的地区，寒冷地区则应选用凝固点更低的DB-25号或DB-45号变压器油。如将DB-45油换成DB-10号油，在冬天，油将变粘甚至凝固，油的循环困难将导致油温升高。又如修理更换电动机绕组时，不应降低绝缘材料的耐热等级，否则绝缘的允许温

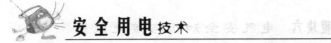

升将降低，电动机额定电流将减小。

（6）按规定的周期和项目对电气设备进行绝缘预防性试验。对有绝缘缺陷的设备及时进行处理。

（7）在搬运、安装、运行和维修中避免电气设备的绝缘结构受机械损伤、受潮、脏污。

请同学们上网查阅相关资料，了解老化、击穿、机械损伤的起因，以及它对人类生活工作的危害案例，并在课堂上或课余时间与同学进行交流。

知识四  电气安全装置

绝缘防护是从改善绝缘性能或绝缘结构的角度，采用封护或隔离带电体的方法以杜绝电气设备漏电来避免触电事故的。但是，电气设备在运行中因绝缘损坏而发生漏电甚至击穿的情况是难以完全根除的。当电气设备发生漏电或击穿（俗称“碰壳”）时，平时不带电的金属外壳以及与之相连的金属结构便带有电压，人体触及时就有触电危险。减少或避免这类触电事故的技术措施有保护接地、保护接零、重复接地、装设漏电保护器等。这里介绍保护接地、保护接零，以及重复接地和接地装置。

一、保护接地

接地就是利用接地装置将电力系统中各种电气设备的某一点与大地直接构成回路，使电力系统在遭受雷击或发生故障时形成对地电流和流泄雷电流，从而保证电力系统的安全运行和人身安全。接地分为工作接地和保护接地两类，如表 6-5 所示。

采用保护接地后，可使人体触及漏电设备外壳时的接触电压明显降低，因而大大地减轻了触电的危险。

表 6-5　电气接地的分类

类　型	图　例	概　念	作　用
工作接地	中性点 高压侧　低压侧 U1 V1 W1 N U2 V2 W2 PE 电力变压器 工作接地 接地体	在正常或故障情况下为了保证电气设备可靠运行，把电力系统中某一点进行的接地叫做工作接地。如电网中变压器或发电机的中性点直接接地	在工作或发生事故情况下，保证电气设备可靠的运行。工作接地电阻应不得超过 10Ω，越小越好

续表

类　型	图　例	概　念	作　用
保护接地（PE）	U V W R_0	将电气设备正常运行情况下不带电的金属外壳或构架通过接地装置与大地可靠连接叫做保护接地	用来防护间接触电。保护接地的电阻应不得大于4Ω

电气设备工作接地的范围主要包括以下几方面。

（1）电动机、变压器、开关设备、照明灯具、移动式电气设备、电动工具的金属外壳或构架。

（2）电气传动装置。

（3）电压互感器和电流互感器的二次线圈（继电保护另有要求除外）。

（4）室内外配电装置、控制台等金属构件以及靠近带电部位的金属遮栏和金属门。

（5）电缆终端盒外壳、电缆金属外皮和金属支架。

（6）安装在配电线路杆塔上的电器设备，如避雷器、保护间隙、熔断器、电容器等金属外壳、钢筋混凝土杆塔等。

二、保护接零

将电气设备正常运行情况下不带电的金属外壳和构架等用导线与配电系统的零线进行电气连接称作保护接零（PEN）。在三相四线制中性点直接接地的电网中，广泛采用保护接零。

当电气设备绝缘损坏造成单相碰壳时，设备外壳对地电压为相电压，人体触及将发生严重的触电事故。采用保护接零后，碰壳相电流经零线形成单相闭合回路，如图6-7所示。由于零线电阻较小，短路电流较大，使该相熔丝熔断或自动开关等短路保护装置在短时间内可靠动作，切断故障设备的电源，从而避免了触电。必须注意的是，保护接零和保护接地的保护原理是不同的。保护接地是限制漏电设备外壳对地电压，使其不超过允许的安全范围；而保护接零是通过零线使漏电电流形成单相短路，引起保护装置动作，从而切断故障设备的电源。

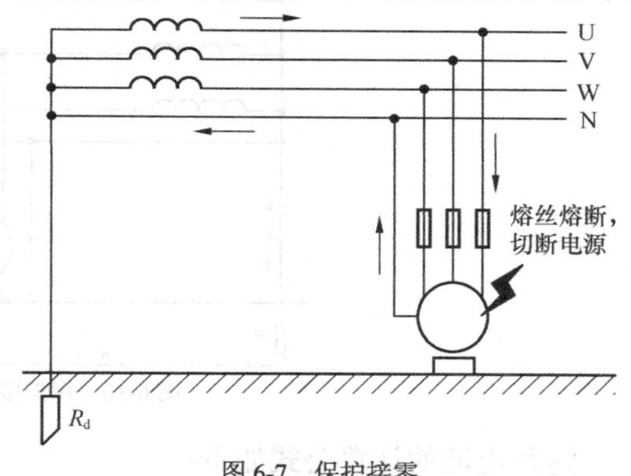

图6-7　保护接零

在保护接零电网中，应特别注意以下事项。

（1）接零干线、分支干线、保护零线不得装设开关和熔断器。只作为单相用电使用的零线，在设备前端允许装设开关和熔断器。

（2）对于保护接零系统，应按规定在零线上多处加设重复接地。例如，架空线路每隔1 000m、分支端、电源进户处及重要的设备，均应重复接地。

（3）电气设备外壳的保护零线不允许串联，应分别直接接零线，如图6-8所示。

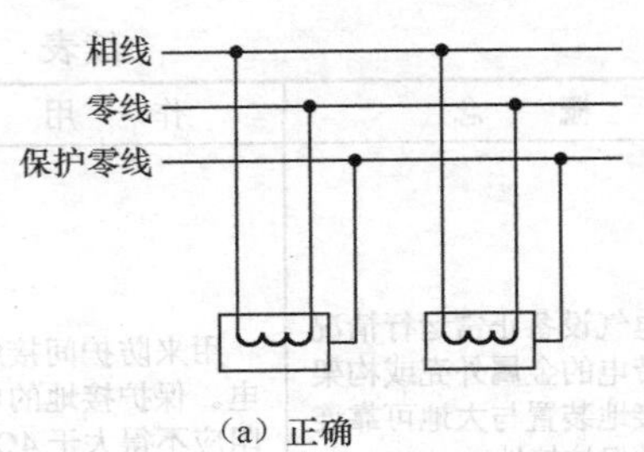

（a）正确

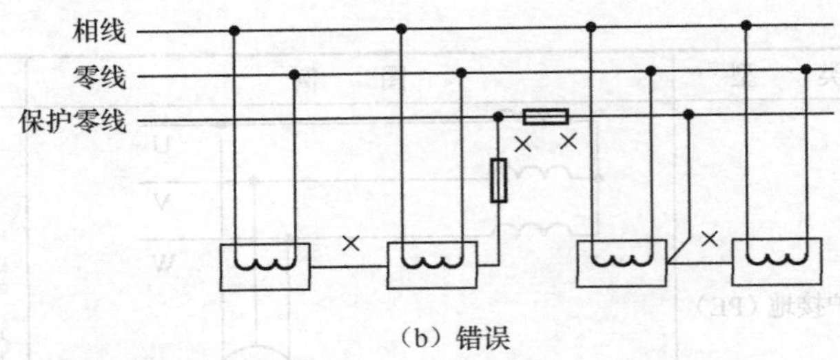

（b）错误

图 6-8　保护零线不允许串联

（4）单相用电设备的工作零线和保护零线必须分开设置，不准共用一根零线，如图 6-9 所示。

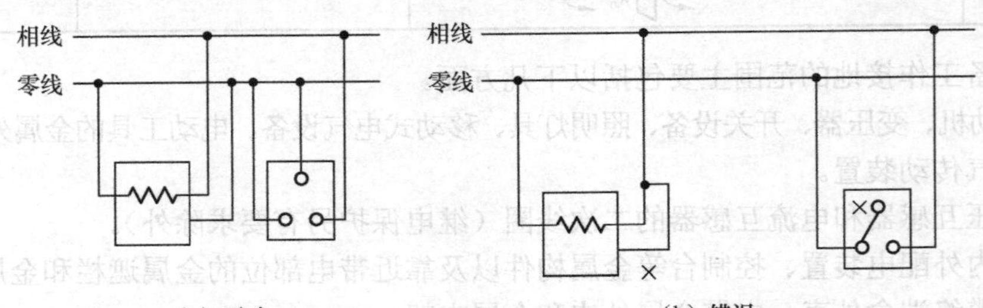

（a）正确　（b）错误

图 6-9　单相用电设备工作零线和保护零线必须分开设置

（5）在同一台变压器供电的系统中，保护接零和保护接地不能混用，不能一部分设备采用保护接零，而另一部分设备采用保护接地。如图 6-10 所示的电路，a 设备采用保护接零，而 b 设备采用保护接地，当 b 设备发生短路接地时，变压器接地极与 b 设备的接地极之间将有短路电流流过，而短路电流不足以使保护装置动作，所以短路电流可能长期存在。

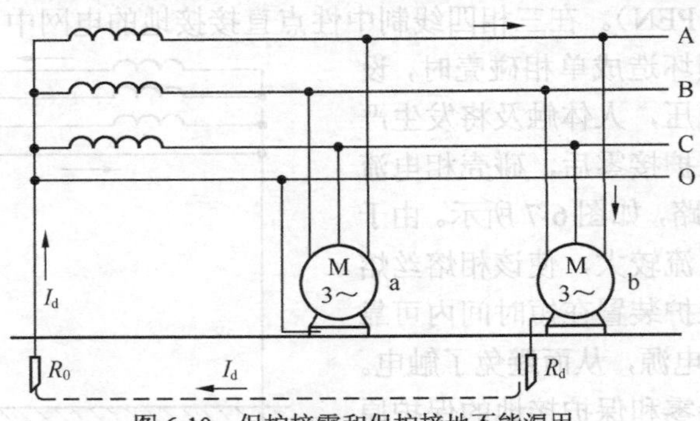

图 6-10　保护接零和保护接地不能混用

短路电流的计算公式如下：

$$I_d = \frac{U_{相}}{R_0 + R_d}$$

式中：I_d——短路电流（安）；

$U_{相}$——设备外壳电压（220V）；

R_0——变压器工作接地电阻（欧）；

R_d——b 设备保护接地电阻（欧）。

设变压器工作接地电阻为4Ω，b设备保护接地电阻为4Ω，代入式中得：

$$I_d = \frac{220}{4+4} = 27.5\ \text{（A）}$$

这个短路电流不足以使保护接地装置动作，而零线和b设备外壳都带有危险的对地电压，分别为：

$$U_b = \frac{U}{R_0 + R_d} R_d = 27.5 \times 4 = 110\ \text{（V）}$$

$$U_0 = \frac{U_{相}}{R_0 + R_d} R_0 = 27.5 \times 4 = 110\ \text{（V）}$$

保护接地和保护接零都是安全保护措施，但实现保护作用的原理不同，保护接地是将故障电流引入大地，保护接零是将故障电流引入系统，促使保护装置迅速动作而切断电源。

此时，虽然a设备发生短路故障，但由于a设备采用保护接零，所以其外壳也带有危险的电压，这是不允许的。

三、重复接地

在三相四线制保护接零电网中，除了变压器中性点的工作接地之外，在零线上一点或多点与接地装置的连接称重复接地，如图6-11所示。

重复接地的作用主要有以下几点。

（1）在电气设备相线碰壳短路接地时，能降低零线的对地电压。在没有重复接地的保护接零系统中，当电气设备单相碰壳时，在短路到保护装置动作切断电源的这段时间里，零线和设备外壳是带电的。而如果保护装置因某种原因未动作不能切断电源时，零线和设备外壳将长期带电，其对地电压取决于零线阻抗的大小。如果有了重复接地，就可以降低零线的对地电压，而且重复接地点越多，对降低零线对地电压越有效，对人体也越安全。

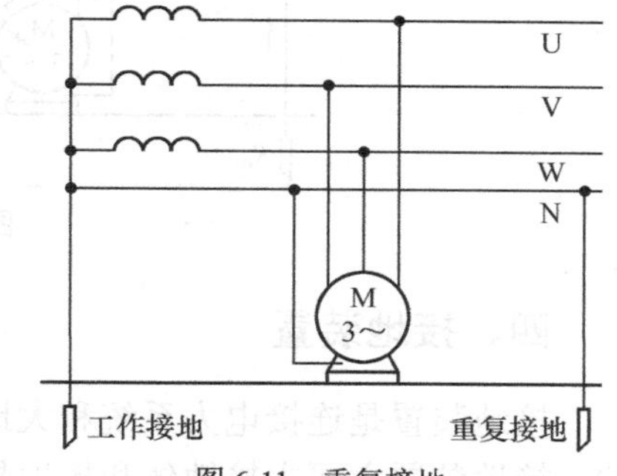

图6-11　重复接地

采用重复接地可以降低被保护设备外壳的对地电压，减轻开关保护装置动作前触电的危险。重复接地点越多，这种效果越显著。

（2）当零线断线时，能降低触电危险和避免烧毁单相用电设备。如图6-12所示，在没有重复接地时，如果零线断线，且断线点后面的电气设备单相碰壳，那么断线点后零线及所有接零设备的外壳都存在接近相电压的对地电压。此时，接地电流较小，不足以使保护装置动作而切断电源，所以断线点后的所有接零设备可能在较长时间里外壳带电，很容易危及人身安全。而在有重复接地的保护接零系统中，当发生零线断线时，断线点后的零线及所有接零设备的外壳的对地电压要低得多。由于断线点后零线对地电压的大小决定于重复接地电阻与变压器工作接地电阻的分压，所以断线点后的重复接地越多，总的接地电阻越小，对地电压就越低。同时，重复接地电阻和工作接地电阻越小，短路电流就越大，这样就能使保护装置动作而切断电源（见图 6-13）。

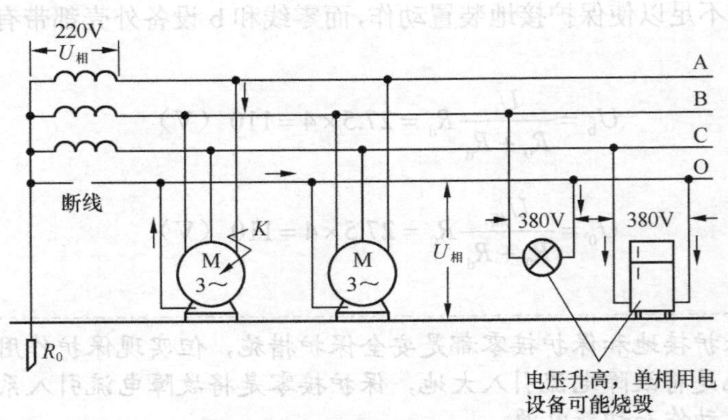

图 6-12　零线断线无重复接地

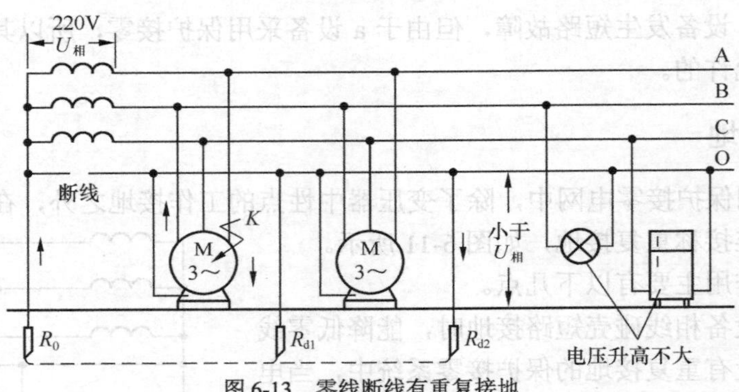

图 6-13　零线断线有重复接地

四、接地装置

接地装置是连接电力系统和大地的装置，它是为满足系统的工作特性和安全保护而设置的。接地装置主要由接地体和接地导线组成，如图 6-14 所示。

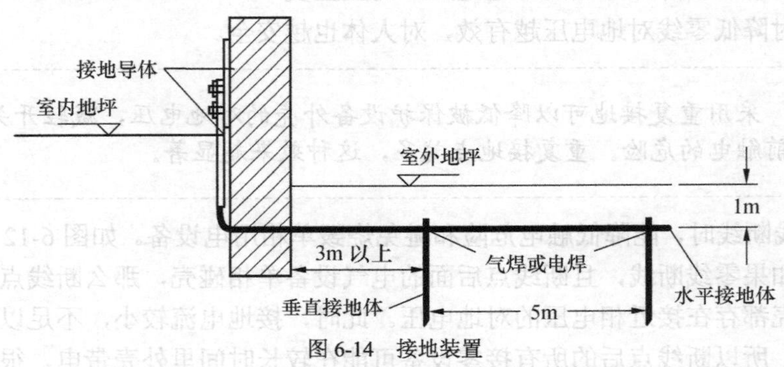

图 6-14　接地装置

（1）接地体。接地体也称接地极，它是为了降低接地电阻而埋设于地下的导电体。接地体可以利用自然接地体或人工接地体。

① 自然接地体。自然接地体可以是埋在地下的金属管道（易燃易爆的液、气体管道除外），如自来水管道等，也可以利用建筑物的地下金属结构，如高层建筑地下部分的钢筋水泥基础的钢筋。

② 人工接地体。人工接地体一般采用钢管、角钢、圆钢、扁钢等导电材料，可以垂直或水平埋设。当单根接地体不能满足接地电阻要求时，可采用多根垂直接地体与水平接地体连接组成复合接地体来降低接地电阻。不论采用哪种形式的接地体，其接地电阻都必须符合要求。而接地装置的效果，则主要取决于接地体的结构和安装质量。

③ 人工接地体的安装。人工接地体宜采用垂直接地体的方式布置，埋设位置应距建筑物3m以外，并选择土壤电阻率较低的地方。如果土壤电阻率较高，不能满足接地电阻的要求，可以加木炭屑、食盐和水等办法来降低土壤电阻率。埋设前，先挖一个宽约0.6m、深约1m的地沟，将下端加工成尖头或扁头的角钢、钢管打入地下，上端露出沟底约0.2m，以便于与水平接地体焊接并引出接地线。连接部分必须采用电焊或气焊，不得用锡焊，焊接应牢固，接触面积不得小于10cm^2。每根垂直接地体的间隔距离应大于5m，水平接地体的扁钢应垂直放置。接地体的布置方式有多角形、放射形、直线形等，应视环境而定，如图6-15所示。

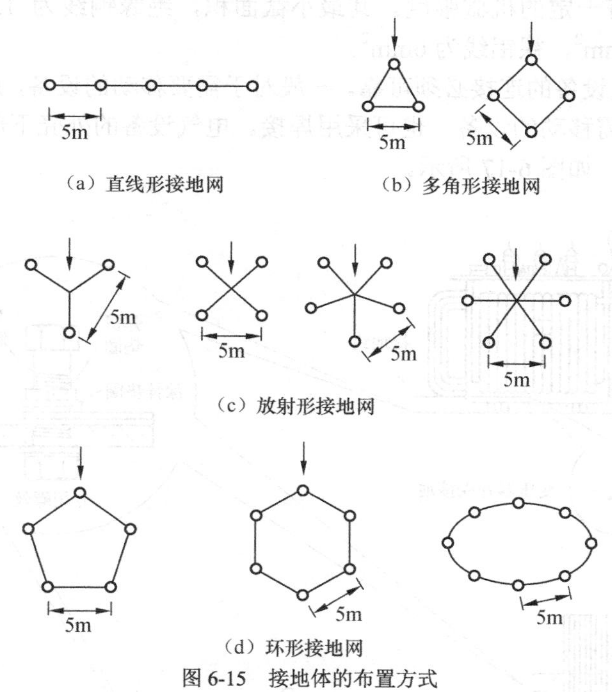

图6-15　接地体的布置方式

接地装置除了保证能长期承受泄漏电流引起的电热效应外，还应具有足够的机械强度和防腐能力。因此，一般采用50mm × 50mm × 5mm的等边角钢和直径50mm以上的厚壁钢管作为垂直接地体，每根长度在2.5m以上。水平接地体采用的扁钢截面积为40mm × 4mm，若用圆钢直径应在10mm以上。此外，如果能涂上镀锌材料，则接地装置的耐腐蚀性能将更好。

（2）接地导体。接地导体习惯称接地线，又称PE线。接地线可以采用绝缘导线或者裸导线，也可以利用电缆的铠装钢带或金属支架，工厂中常用穿电线的金属管作为接地线。当采用金属支架及金属管作为接地线时，在各段连接处必须进行可靠的金属跨焊连接，以保证良好的电气连接，如图 6-16 所示。

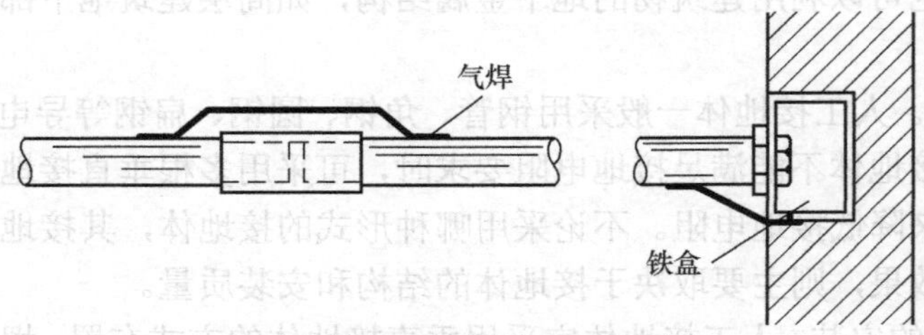

图 6-16 铁管与铁盒接地线做法

接地导线必须满足以下要求。

① 电气连续性不能受机械外力及化学腐蚀影响，必要时可采取保护措施。例如，接地线穿墙、穿道路以及与管道交叉穿越时，均应加保护套管。

② 接地线截面积应能保证长期承受故障电流。接地干线截面积不得小于相线截面积的 1/2，支线截面积不得小于相线截面积的 1/3。

③ 接地线应具有一定的机械强度。其最小截面积，绝缘铜线为 1.5mm^2，绝缘铝线为 2.5mm^2，裸铜线为 4mm^2，裸铝线为 6mm^2。

④ 接地线与电气设备的连接必须可靠。一般对于需要移动的设备，应采用螺丝压接，但必须加弹簧垫圈。不需移动的设备，也可采用焊接。电气设备的外壳下部一般设有接地专用螺丝，并有接地符号，如图 6-17 所示。

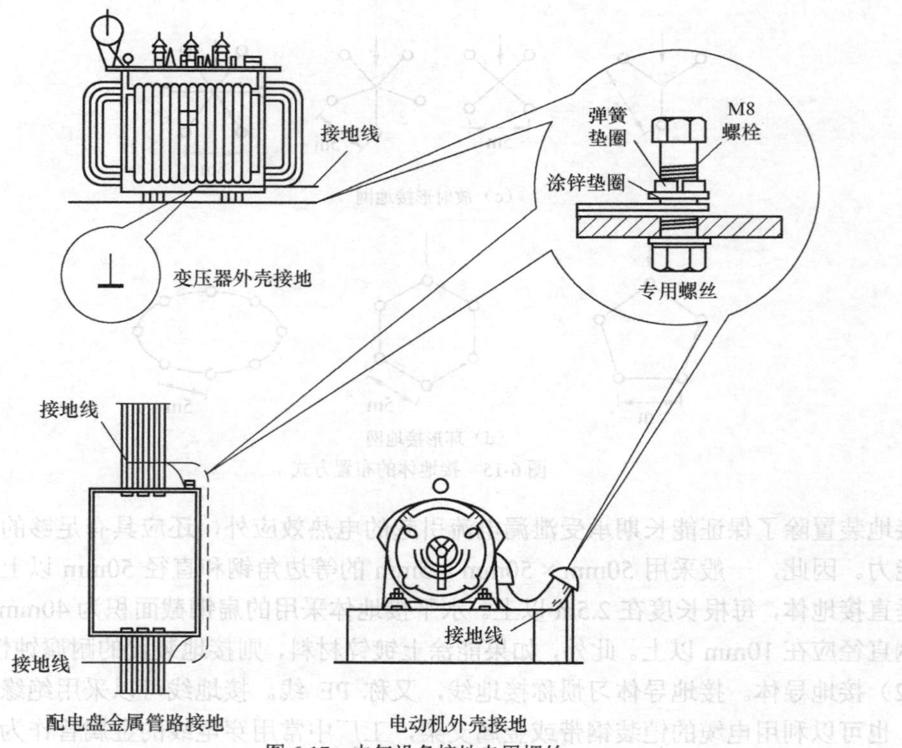

图 6-17 电气设备接地专用螺丝

请同学们对自己住宅和学校的安全用电防范工作进行检查，并将检查后的意见写在下面空格中。

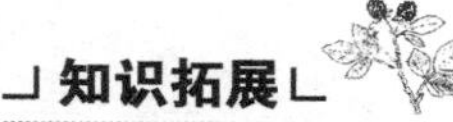

知识拓展

拓展1 趣味实验三则

保暖瓶中的开水可以长时间保持温度，这是什么原因？有的物质传热，有的物质不能传热，这又是为什么？

实验一：热传导实验（见图6-18）

材料准备：①调羹3把（分别为木质的、塑料的和金属的）；②冷猪油；③热水1杯；④图钉3枚。

操作（体会）步骤：（1）用猪油将图钉分别粘在3把调羹背面；（2）将调羹倒插进热水杯中，调羹受热后，图钉先后落下。比较一下，看看哪种材料做成的调羹传热最快。

实验二：热对流实验（见图6-19）

图6-18 将粘有图钉的调羹倒插在热水杯中

图6-19 观察炽热阳光下的柏油路面

选择一热天，观察受热面上的气体运动（如在炽热阳光下的柏油路面）。空气流动时，将热量向上带起。

实验三：热辐射实验（见图6-20）

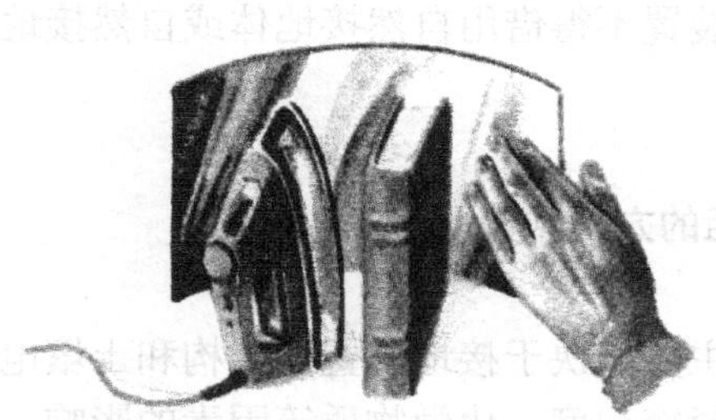

图6-20 隔着书感受电熨斗的辐射热

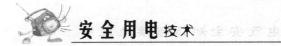

材料准备：①电熨斗；②硬纸板；③书；④锡纸 1 张。

操作（体会）步骤：（1）将锡纸贴在硬纸板上，弯成弧形；（2）将通电的熨斗放在硬纸板前面，旁边放一本书。隔着书你会感到熨斗的热量辐射到了你的手上。

拓展 2 自然接地体的利用

为节省钢材和投资，应尽量利用自然接地。

1．可利用的自然接地体

凡埋设于地下并与大地有可靠连接的金属管道（但输送可燃可爆介质的管道除外）、金属结构、建筑物或构筑物基础中的钢筋、金属桩等均可作为自然接地体。

2．可利用的自然接地线

建筑物的金属结构（如钢梁、铜柱、钢筋）；生产用的金属结构（如吊车轨道、配电装置的构架）、配线的钢管（壁厚不小于 1.5mm）；电缆的金属支架；不会引起燃烧或爆炸的金属管道等都可以作为自然接地线。但禁止使用蛇皮管、金属网作接地线。

3．利用自然接地体（线）时应注意的问题

（1）自然接地体最小要有两根引出线与接地干线相连。

（2）利用管道或配管做接地体（线）时，应在管接头处采用跨接线焊接，装设方法如图 6-21 所示。跨接线可采用 6mm 圆钢；管径在 50mm 及以上时，跨接线应采用 25mm × 4mm 的扁钢。

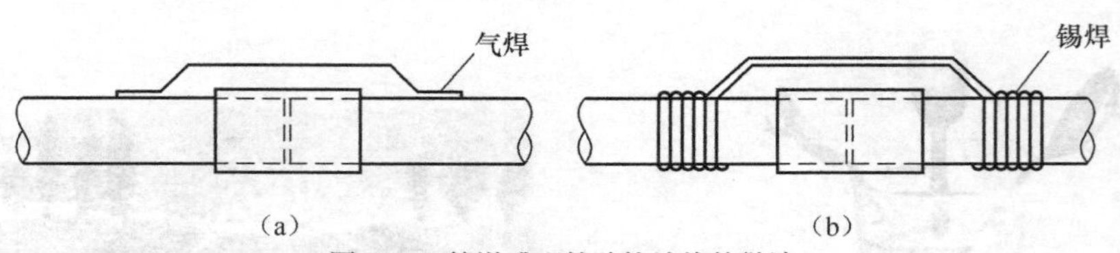

图 6-21　管道或配管跨接地线的做法

（3）利用建筑物、构筑物的金属结构作为接地线时，凡是用螺栓或铆钉连接的地方或经过建筑物伸缩缝的地方，都应该用扁钢或钢绞线跨接。扁钢的规格是：接地干线为 $100mm^2$，接地支线为 $48mm^2$，钢绞线（直径不小于 12mm）用于跨越伸缩缝的场合，装设方法是在线端焊上平面接头，再用螺栓固定。

（4）不得在地下利用裸铝导体作为接地体或接地线，也不得利用电缆金属护层作接地线（但电缆的金属护层应接地）。

（5）直流电力网的接地装置不得借用自然接地体或自然接地线，因为直流电对金属物体有电解腐蚀作用。

拓展 3 降低接地电阻的方法

接地装置的接地电阻值主要取决于接地装置的结构和土壤电阻率，而土壤电阻率受土壤成分、含水量、地温、土壤紧密程度、化学物质等因素的影响，变化范围很大。在含水量多

的粘土或黑土中敷设接地装置容易达到要求的接地电阻值。但在岩石、砂子以及冻土中敷设接地体，要达到要求的接地电阻值，单靠增加接地体数量是很困难的，在经济上也是不合理的。在这种情况下，可以采取下列措施来降低接地电阻值。

（1）换土。即用电阻率低的粘土、黑土替换部分原有的电阻率高的沙土或岩土。一般做法是把接地体上部约 1/3 接地体长度、周围 0.5m 以内的土壤换掉。

（2）深埋。即把接地体敷设在深层含砂土壤中，这样一可避开上层沙土，二可接触地下水。深埋还可避免土壤冻结的影响。

（3）外引。即将接地体引到有水源的地方埋设。

（4）对土壤进行人工处理。即在接地体周围的土壤中加入一些煤渣、焦炭、炉灰或用食盐、氯化钙、硫酸铜、硫酸铁等溶液浸渍土壤。食盐价格低，对接地体的腐蚀性小而且可以降低土壤中水分的冻结温度，是最常用的化学处理剂。处理的范围也是接地体上部 1/3 长度、周围 0.5m 以内的土壤。操作方法是将食盐和土壤隔层依次填入坑内。盐层厚度为 1cm 并加水湿润，一根接地体耗盐 30～40kg。食盐处理过的土壤，由于盐的逐渐熔化会失效，需要经常维护（浇盐水），且会降低接地体的热稳定性和加快腐蚀，也不经济。故研究的方向是如何利用化工废料来处理高电阻率的土壤。

思考与练习

一、填空题

1．所谓短路是指 ____。

2．所谓过载是指 ____。

3．绝缘损坏的形式主要有：____________________ 等。

4．按照电路状况，电气事故可以分为 ____________________ 等 3 类。

5．电器的散热形式有 __________ 、 __________ 和 __________3 种。

二、选择题（将正确答案的序号填入括号中）

1．为了防止电气系统过载危害，就必须正确的选用（　　）。

A．导线粗细和长度

B．控制开关和保护设备（自动开关、熔丝等）容量

C．导线长度、控制开关和保护设备（自动开关、熔丝等）大小

D．导线截面、控制开关和保护设备（自动开关、熔丝等）容量

2．热辐射散热是（　　）传递能量的一种形式。

A．热浪波　　B．震动波　　C．电磁波

3．工作接地电阻应不得超过（　　）。

A．5Ω　　B．10Ω　　C．15Ω

4．保护接地的电阻应不得大于（　　）。

A．3Ω　　B．4Ω　　C．5Ω

5．接地干线截面积不得小于相线截面积的（　　）。

A．1/2　　B．1/3　　C．1/4

三、简答题

1．谈一谈你对安全的认识。

2．什么叫保护接地？什么叫保护接零？试述两者有何区别。

3．漏电保护器的基本要求是什么？

4．为什么采取了保护接地（或接零）措施，还要装设漏电保护器？

5．安装漏电保护器时应注意哪些问题？

6．低压线路为什么会发生火灾？怎样预防？

模块七　电气照明与节电技术

现代社会所用的光源，已普遍采用电光源。电光源所需的电气装置，统称为电气照明装置。电气照明就是由电光源产生的照明，由于具有灯光稳定，易于控制和调节、安全及经济等优点，已是现代人工照明中应用最广泛的一种照明方式，而且电气照明也是企业供电系统中的重要组成部分。合理选择电气照明是保证安全工作、生活，提高劳动生产率，保证人类健康生活的必要条件。本模块主要介绍常用照明光源、照明装置的选择与布置，以及照明节能等技术。

通过本模块的学习（操练），知道电气照明的照度标准和室内灯具布置要求，掌握照明用电过程中的节电方法，了解电气照明的照度标准，熟悉电气照明的方式和室内灯具布置要求，熟悉安全、节约用电的意义。

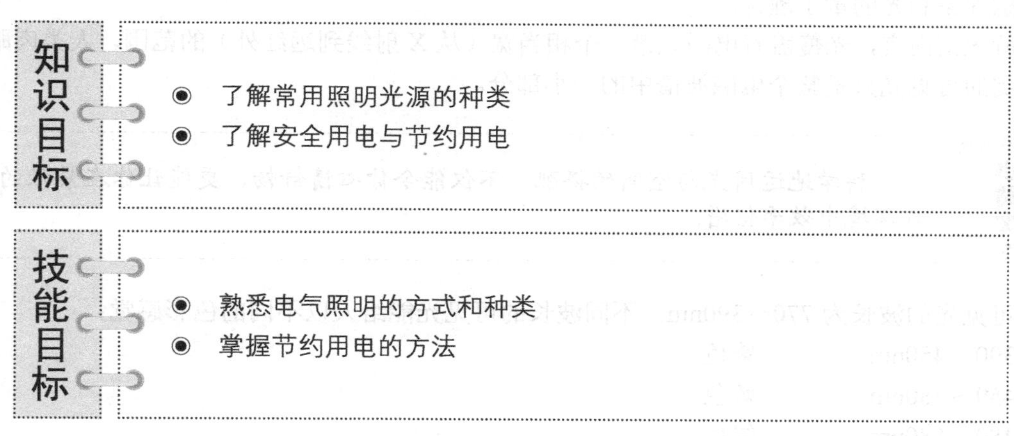

知识目标
◉ 了解常用照明光源的种类
◉ 了解安全用电与节约用电
技能目标
◉ 熟悉电气照明的方式和种类
◉ 掌握节约用电的方法

情景模拟

人类的生活离不开光，舒适的光线不但能提高人的工作效率和产品质量，还有利于人的身心健康。电气照明技术实际上是对光的应用和控制，它是人类的发明与创造。当黑幕降临时，电光源把原本黑暗的空间照得一片通明，在它的“照看”下，人们能够正常地开展工作和学习，尽情享受紧张忙碌后的愉悦。

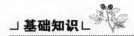

你了解电光源的本质吗？你会正确选用电光源吗？你熟悉室内灯具布置要求吗？你掌握照明用电过程中的节电方法吗？让我们一起来学习电气照明与节电技术吧！

基础知识

知识一　电光源及灯具

一、光与视觉

凡是能发射出一定波长范围的电磁波（包括可见光与不可见光）的物体，称为“光源”。可见光源多用于日常照明与信号显示，不可见光源用于医疗、通信、农业与夜间照相等特殊场合。光有自然光和人造光之分，电光源是一种人造光源。

光是能量存在的一种形式，可以在没有任何中间媒体的情况下向外发射和传播，这种向外发射和传播的过程称为光的辐射。在一种均匀介质（或无介质）中，光将以直线的形式向外传播，称为光线。在真空中，光的传播速度约为 3×10^3m/s。

现代物理研究证明：光具有波粒（波动性和微粒性）二重性，光在传播过程中主要显示出波动性，而在光与物质相互作用中，主要显示出微粒性。因此，光的理论也有两种，即光的电磁理论和光的量子理论。

就光谱而言，光覆盖着电磁频谱一个相当宽（从 X 射线到远红外）的范围。人类肉眼所能看到的可见光只是整个电磁波谱中的一小部分。

科学地运用光与空间的搭配，不仅能令你心情舒畅，更能让你在紧张的工作环境中效率倍增。

可见光的波长为 770～390nm。不同波长的可见光能给人以不同的色彩感觉：

390～450nm　紫色
459～480nm　蓝色
480～580nm　绿色
580～595nm　黄色
595～620nm　橙色
620～770nm　红色

光是人类认识外部世界的工具，是信息的理想载体和传播媒质。据统计，人类感官收到外部世界的总信息中，90%以上是通过眼睛接收的。

人之所以能感觉出物体的颜色，是因为物体吸收了其中可见光的波长。通常人们把包含着多种波长的光，称为多色光。太阳光就是从红到紫的各种色光的混合。而把只含单一波长的光，称为单色光。

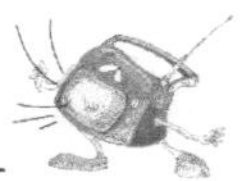

二、电光源的基本参数

电光源的工作特性通常用一些参数来说明。厂家在生产电光源时，也会提供相应的参数，供使用者选用时参考。电光源的基本参数如表 7-1 所示。

表 7-1 电光源的基本参数

参数	说明
额定电压和额定电流	额定电压和额定电流是指灯按预定要求进行工作所需的电压和电流。在额定电压和额定电流下工作时，光源（灯）具有最好的将电力转化为光的能力（简称功效），能达到所规定的寿命时间。如果工作电压低，则工作电流也达不到额定值，那么灯的光通量和功率都低。如果工作电压超过额定电压，则电流也必然超过额定电流。那么灯的光通量和功率都过高，而造成光源寿命大大缩短或立刻引起灯丝烧毁
额定功率	额定功率是指光源（灯）工作在额定电压和额定电流时所消耗的有功功率，其单位为瓦（W）或千瓦（kW）
使用寿命	光源（灯）的使用寿命有全寿命、有效寿命和平均寿命 3 种。 全寿命是指光源（灯）直到完全不能使用为止的全部时间；有效寿命是指光源（灯）的发光效率下降到初始值的 70%时为止的使用时间；平均寿命是指每批抽样试品有效寿命的平均值。通常所指的光源（灯）使用寿命为平均寿命
光通量输出发光效率	额定光通量是指光源（灯）在额定条件下，向周围空间辐射并引起视觉的能量，单位为“流明”（lm）。 光通量是光源（灯）的一个重要参数，是照明设计的必备数据。但评价灯具（电光源）的特性优劣则常以发光效率（简称光效）为根据。发光效率是以电光源每消耗 1W 电功率所产生多少流明光通量表示的，单位是“流明/瓦（lm/W）”。灯具的发光效率越高越好
光色	光色指光源（灯）发出的光而引起人们色觉的颜色。通常包括显色性和色温两个方面。色表是指光源（灯）本身的表观颜色。显色性是用来表示光源（灯）光照射到物体表面时，它对被照物体表面颜色的影响作用。 光色包含显色性和色温两个方面。 显色性是指某一光源在照亮物体时所显示的该物体真实色彩的程度。它由显色指数 Ra 计量，可分为 0～100 的不同等级。显色指数越大，显色性越好，即与日光或与日光很接近的人工标准光照射下呈现的色彩一致程度越高。 色温是指人眼观看到的光源所发出的光的颜色，其单位为绝对温标 K。灯的色温高低不同对人的心理会产生冷或暖的不同程度感觉，概括性地分为“冷色、中间色和暖色”三类
启燃与再启燃时间	指光源（灯）接通电源到光源（灯）达到额定光通量输出所需要的时间。光源（灯）的启燃与再启燃时间影响着光源（灯）的应用范围。一般需要频繁开关光源（灯）的场所不适宜选择启燃与再启燃时间较长的光源（灯），如应急照明光源（灯）应选用启燃与再启燃时间较短的光源（灯）
温度特性	指光源（灯）对使用环境温度的敏感程度。有些光源（灯）对环境温度比较敏感，温度过高或过低会影响光源（灯）的发光效率或正常工作，如荧光灯温度变化较大时对光通量的影响较大，大部分气体放电光源在环境温度较低时会造成启燃困难
耐振性能	指光源（灯）在剧烈震动的场所所能承受损坏的本领。有些光源（灯）耐振性能较差，在有剧烈震动的场所易造成损坏，如白炽灯就不适宜安装在有剧烈震动的场所
功率因数	指光源（灯）的有功功率与视在功率之比。一般说，热辐射发光源（灯）功率因素高，气体放电光源（灯）功率因数较低。因此，在大量使用气体放电光源（灯）的场所，为改善功率因数，应采用无功功率的补偿措施

三、电光源种类及应用场所

在选用电光源时，除了解电光源的特点外，还要了解它的应用场所，才能发挥最大的效能。表 7-2 所示为一些常用电光源的种类和应用场所。

表 7-2　　常用电光源的种类和应用场所

种类	示意图	特点	说明
白炽灯		结构简单、造价低，显色性好，使用方便，有良好的调光性能等	白炽灯是在19世纪末产生的电光源，被称为第一代人造光源，其平均寿命为1 000h。在点燃1 000h的过程中，由于灯泡变黑和钨丝变细、电阻增大，使光通量降低约10%。灯泡寿命的长短、光通量的大小，与电压的大小有直接关系。 白炽灯灯头分螺口与卡口两大类，每类中又有一般吊线电灯用的灯头和装在屋顶、墙壁或灯具上的平灯头，带一或两个插座的灯头，同时安装两个或三个灯泡的双火、三火分灯头。此外，还有防雨、防水专用的灯头。 灯泡除了一般用于日常照明外，还有特殊用途的灯泡，如蜡烛形灯泡、装饰用的彩色灯泡、机车与电车上用的防震灯等
荧光灯	（直管式） 2D （H形式）　（双D形式）	发光效率高、显色性好、使用寿命长等	低压荧光灯，又称日光灯，它是在1938年以后出现的新光源，是第二代人造光源。荧光灯管内壁涂以荧光粉，充有一定量的水银蒸气和少量惰性气体（如氩气或氪气），管两端各有两个电极，与封在管内的涂有氧化钍的螺旋形钨丝和一对触须连通。改变管内荧光粉的成分，可以得到不同颜色的光。我国生产的荧光灯颜色有：日光色、冷白色、白色、暖白色和蓝、绿、黄、红色等。 荧光灯除了直管外，还有环形、弧形、椭圆形、凹槽形和U字形等，常用于家庭、学校、办公室、医院、图书馆、商店等照明。 在使用时，荧光灯必须加设一些附件：整流器和启辉器，以保证电流稳定和提高功率因数。荧光灯的寿命，除了频率、电流、电压的影响外，频繁的开关（启动次数增多），也会使寿命缩短
卤钨灯		体积小，显色性好，使用方便等	卤钨灯是在1959年前后研制成的石英管中充以卤素，从而使钨产生再生循环的一种灯。它可以使灯泡保持透明，并能使灯泡寿命延长（寿命长达2 000h），由于它体积小、质量轻、功率大，常用于建筑工地、电视摄影等照明
钠灯		发光效率高、使用寿命长、穿透云雾能力强，使用方便等	钠灯的放电石英（或钠铝硼）玻璃管呈字形。两端有电极与灯头相连，放电管内充以氖气和金属钠（冷凝在管壁上），放电管外罩以玻璃管，两管之间抽成真空。通电后，在氖气里形成放电（钠仍处在金属状态），光呈微弱的橙色，待放电热能逐步使钠蒸发，钠蒸气参与放电发光后，光色逐步变为黄色，光通量显著提高。这个启动过程需要5～10min，钠灯就达到了额定的光通量。常用于道路、车站、广场、工矿企业等的照明

续表

种类	示意图	特点	说明
金属卤化物灯		体积小、质量轻、发光效率高、显色性好、使用寿命长等	金属卤化物灯也是充气放电灯的一种。它是由一个透明的玻璃外壳和一根耐高温的石英玻璃放电内管组成的。内管充以汞蒸气、惰性气体和卤化物（如碘或溴与镝、铟、铊、锡、钠、钍等金属的化合物），外壳与内管之间充以惰性气体（氮、氩等）。金属的原子被激发，发出与天然光光谱相近的可见光。 金属卤化物灯被称为第三代人造光源。常用于体育场馆、广场、展览中心等的照明
水银灯		使用寿命较长，虽然发光效率较低，但应用却很广泛	水银灯是利用电极在汞蒸气中放电发光的原理而制成的。汞蒸气气压加大后，电弧集中于管子中心，使管电压、亮度和发光效率都得到提高。根据气压的大小，分低压、高压和超高压水银灯 3 种。低压的汞蒸气气压为 0.01mm 汞柱，辐射强烈的短波紫外线；高压汞蒸气压力为 1atm，紫外线减少，可见光大增；超高压的汞蒸气压力为 5～8atm，或者超过 20～200atm，光色接近白色。水银灯的构造基本与金属卤化物灯相同。 水银灯的寿命一般为 5 000～12 000h。使用时，开关过于频繁，也会缩短它的寿命。常用于工厂或街道的照明，此外还有专供晒图、医疗、放映和舞台效果等照明
氙灯		功率大、发光效率高（有“小太阳”的美称）、触发时间短、使用方便等	氙灯是将贵重的氙气充入石英玻璃放电管内，两端有钍钨电极由于弧光放电而发出光的一种灯。光色近似天然光，其功率大、发光效率较高、使用寿命也较长，常用于广场港口、机场、车站、码头等需要高照度、大面积的照明

四、室内灯具的类型与选用

所谓灯具是指透光、分配和改变光源分布的器具，它包括除光源之外的所有固定和保护光源所需要的全部零部件，如灯座、灯罩、灯架、开关、引线等。灯具的主要作用如表 7-3 所示。

表 7-3 灯具的主要作用

作用	说明
控制光分布作用	不同类型的灯具具有不同的控制光特性，因此在考虑不同场所照明时，应选用符合该场所要求的灯具
保护电光源作用	不仅起保护光源的作用，而且通过它也可以使光源产生的热量更有效地散发出去，避免光源及导线过早老化或损坏
电气、机械安全作用	确保光源在使用时的安全性和可靠性
美化装饰环境作用	随着灯具材料和制造水平的提高，灯具已不仅仅作为照明工具，而是室内外景观美化和装饰的必需品

1．常用室内灯具的类型

室内常用灯具有：吸顶灯、镶嵌灯、吊灯、壁灯、台灯、落地灯等，如表 7-4 所示。

表 7-4　　　　室内常用灯具

种　类	示 意 图	说　明
台灯		台灯是一种直接安放在书桌上的局部照明用灯具，其光源有白炽灯和日光灯两种，但近年来还有采用卤化物灯泡作为光源的台灯等
壁灯		壁灯是墙面上的装饰性灯具，造型精巧，光线柔和，可分为全封闭、半封闭、单枝、多枝等形式，通常和其他灯具配合使用，除在走道墙壁上使用外，也用作床头、梳妆台、卫生间、阳台及客厅等的照明
吊灯		吊灯是从居室天棚上吊挂下来做全局性照明的灯具。一般利用管子或金属链悬挂在平顶，也有采用螺旋形导线来吊住灯具的，以便随意调节高度。大多数吊灯有灯罩，其材质有金属、塑料、玻璃、竹木等，也有用水晶玻璃片或珠子串连而成的
吸顶灯		吸顶灯是一种直接安装在居室顶棚上的灯具，其光线由上而下直接投射。吸顶灯的光源以白炽灯和日光灯为主。广泛用于客厅、卧室、厨房、卫生间、阳台等处
镶嵌灯		镶嵌灯是嵌装在居室天棚内的隐藏式、半隐藏式灯具，有筒灯、牛眼灯等多种。其最大特点是顶面整体效果好，简洁，完整
槽灯	≤1.9a	槽灯是一种隐蔽在沟槽或槽板后面的灯具，它是一种间接照明，靠反光来照明，光质比较柔和。槽灯有组合式、侧向式多种
落地灯		落地灯是一种直接放置在地面上的、可移动的灯具，常置于沙发、茶几附近。由于落地灯造型美观、光线柔和，能为居室营造一种宁静、高雅的气氛，深受人们的青睐

续表

种　类	示意图	说　明
轨道灯		这类灯具可沿轨道移动，并能转换投射角度，其光源可采用卤钨灯或其他小型射式灯
彩灯		这类灯具形式多样，有流线带颗粒的球型彩灯，也有小花型的流线彩灯等。这类灯具一通电，就会发出幽幽的彩色光芒，而成为人们灯具装饰的首选
艺术灯		这类灯具的装饰功能大于照明功能，它有能变幻出各种奇异色彩的光导纤维灯，有让人产生扑朔迷离、星光灿烂的感觉的山水壁画灯和太空灯等，已逐步成为居室装饰，受人欢迎的灯具

2. 常用室内灯具的选用

在选用灯具时，为发挥灯具最大的效能，应该了解它们适用场所及其基本要求，如表 7-5 所示。

表 7-5　　常用灯具适用场所及基本要求

名　称	示意图	说　明
台灯		一般在卧室、书房、起居室、办公室等地方使用。 在选用时，要求不产生眩光，放置稳定安全，开关方便，可以随意调节光源高度和投光角度、方位

续表

名　称	示意图	说　明
壁灯		一般在卧室、门厅、浴室、厨房或更衣室、办公室、会议室使用，也用在工厂车间、饮食店、剧院、展览馆和体育馆等公共场所。 在选用时，对公共场所与卧室亮度的要求不太高，而对造型美观与装饰效果的要求较高
立灯		一般在起居室或客厅、书房作为会客、阅读书报或书写时的局部照明等地方使用。 在选用时，要求稳定安全，不怕轻微的碰撞，电线要稍长一些，以便适应临时改变位置的需要。此外，还应该能根据需要随意调节光源高度、方位和投光角度
吊灯		一般为起居室、卧室、书房、办公室、会议室、饮食店、剧院、会堂、旅店、宾馆等处提供基本照明。 在选用时，要注意造型美观、吊挂安全。公共建筑室内吊灯，要有防止灯罩爆炸或滑掉的措施；民用室内的吊灯，最好能调节，如多火吊灯，最好多用几条导线，以便根据需要开亮一定数目的灯。使用荧光灯管做吊灯时，最好也用能漫射光线的材料做灯罩或栅格，以免产生眩光

续表

名　称	示 意 图	说　明
吸顶灯		一般为门厅、办公室、走廊、厨房、浴室、剧院、体育馆和展览馆等处提供基本照明。 在选用时，要注意机构上的安全（要考虑散热需要，以及拆装与维修的简便易行等问题），避免发生事故
槽灯	≤1.9a	一般多用于客厅、剧院观众厅、展览厅、会堂和跳厅等地方。槽灯照明可以达到扩大空间和创造安静的环境的效果。 在选用时，要注意槽灯里的光源（灯泡或荧光灯）的分布，以保证亮度的均匀
射灯		一般多用于各种展览会、博物馆和商店等处。 在选用时，为了突出展品或商品、陈设品，往往使用小型的聚光灯照明

上网或翻阅资料，查找有关新型电光源的相关资料（性质与应用）。

五、室内灯具的安装

白炽灯具和荧光灯具是目前家用照明中最重要的电光源灯具。白炽灯具有价格便宜，显色性能好，便于调光等优点；荧光灯具有光效高、显色性能好、表面亮度低和寿命长等优点，被广泛应用于日常工作、生活中。

1. 白炽灯的安装

（1）壁灯的安装。壁灯（见图 7-1）安装步骤如下。

图 7-1　壁灯

① 在选定的壁灯位置上，沿壁灯座画出其固定螺孔位置。用钢凿或 M6 冲击钻钻头打出与膨胀管长度相等的膨胀管安装。

② 用手锤将膨胀管敲入膨胀管安装孔内。

③ 将木螺钉穿过安装座（架）的固定孔，并用螺丝刀将木螺钉拧紧，如图 7-2 所示。

④ 壁灯电源线引入灯座后，剖削出导线线头，接入壁灯灯头。

⑤ 检查安装完毕后，将灯泡安装入灯座、灯罩固定在灯架上。

⑥ 合闸通电试验。

安装壁灯时应注意：自觉遵守实训纪律，注意安全操作；灯座装入固定孔时，要将灯座放正；在固定灯罩时，固定螺丝不能拧得过紧或过松，以防螺丝损坏灯罩。注意壁灯的安装高度，一般要求如图 7-3 所示。

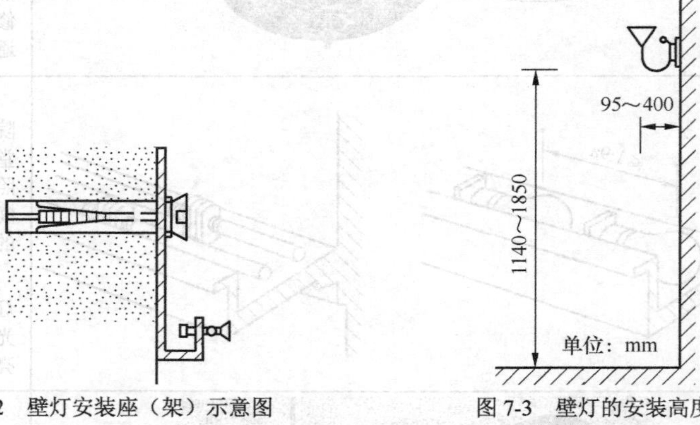

图 7-2　壁灯安装座（架）示意图　　　图 7-3　壁灯的安装高度

（2）吊灯的安装。吊灯（见图 7-4）安装步骤如下。

① 在确定的吊灯位置，用清水刷一下预应力多孔板的底部（刷天花板横向面），发现先干燥处就是需要寻找的孔洞部位。

② 用钢凿或冲击钻在孔洞部位打一个直径为 23mm 左右的小圆孔，将吊灯电源线引出孔外。

图 7-4　吊灯

③ 将吊钩撑片插入孔内，用手轻轻一拉，使撑片与吊钩面垂直，或成“T”字形，并沿着多孔板的横截面放置。在安装时，多用吊钩不要压住导线。

④ 将垫片、弹簧片、螺母从吊钩末端套入并拧紧，如图 7-5 所示。

⑤ 将吊灯杆挂在吊钩上，并将多孔板上的电源引出线与吊灯杆上的引出线连接，用绝缘胶布包扎，固定好灯杆脚罩。

⑥ 检查安装完毕后，合闸通电试验。

吊灯安装时应注意：吊灯应装有挂线盒，吊灯线的绝缘必须良好，并不得有接头；在挂线盒内的接线应采取措施，防止接头处受力使灯具跌落，超过 1kg 的灯具须用金属链条吊装或用其他方法支持，使吊灯线不承力，吊灯灯具超过 3kg 时，应预埋吊钩或螺栓；在高处安装吊钩、吊灯，应注意安全，以免掉下；注意吊灯的安装高度，一般要求如图 7-6 所示。

（3）吸顶灯的安装。吸顶灯座（见图 7-7）安装步骤如下。

① 在找出的孔洞部位，用钢凿或冲击钻在孔洞部位打一个直径为 40mm 的小孔，将多孔板中的电源线引出孔外。

② 在小木块中心用木螺钉旋出一个孔，并在木块中心部位扎上一根细铁丝，如图 7-8 所

示。斜插入凿好的多孔板内，将木块上的细铁丝引出孔外，木块不要压住电源线。

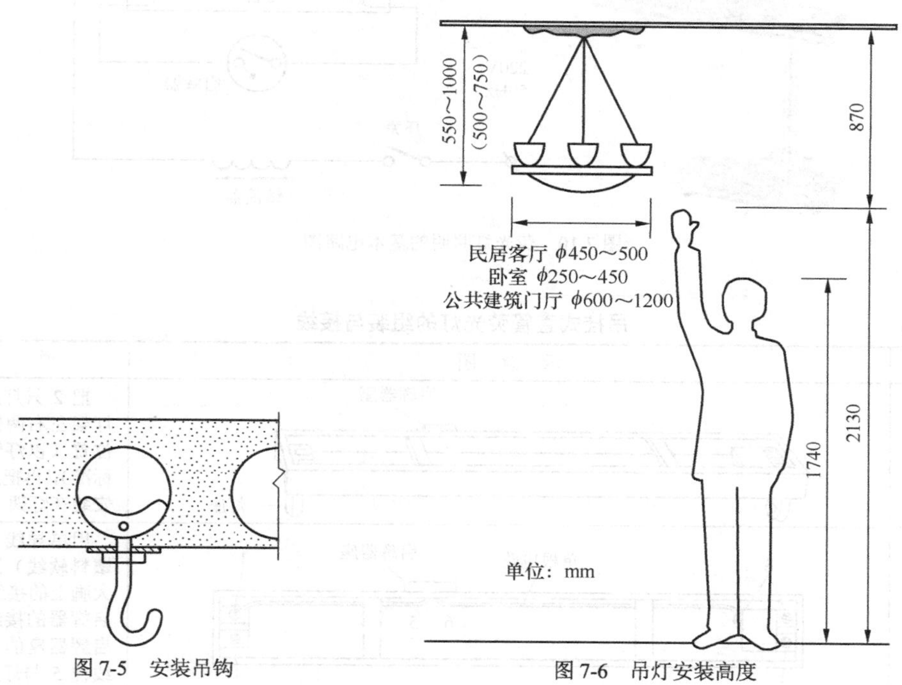

图 7-5　安装吊钩　　图 7-6　吊灯安装高度

③ 用木螺钉穿过吸顶灯金属架固定孔，导线穿过吸顶灯金属架线孔，右手拉住木块上细铁丝和吸顶灯金属架，左手用螺丝刀将木螺钉对准木块上的螺丝孔拧紧，如图 7-9 所示。

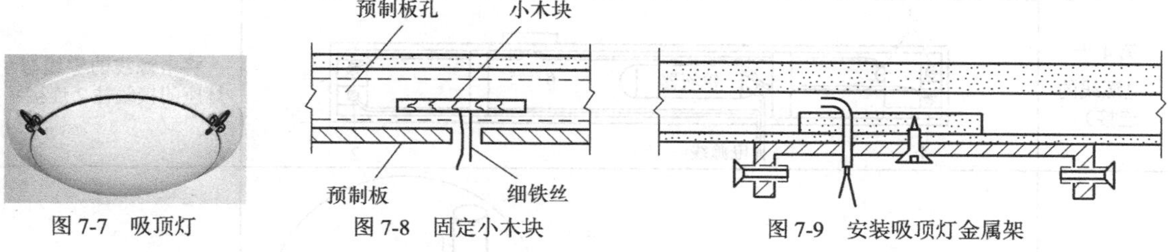

图 7-7　吸顶灯　　图 7-8　固定小木块　　图 7-9　安装吸顶灯金属架

④ 剖削导线并接入吸顶灯金属架的灯座，装好灯泡、吸顶灯罩。

⑤ 检查安装完毕后，合闸通电试验。

吸顶灯安装时应注意：在固定小木块时，应防止木块压住电源的绝缘层，以防发生短路事故；在安装吸顶灯灯罩时，灯罩固定螺丝不能拧得过紧或过松，以防螺丝顶破灯罩；在高处安装时，应注意安全操作，站的位置要牢固平稳。

2．荧光灯的安装

荧光灯具分台式、吊挂式、吸顶式和钢管式等几种，其基本电路图如图 7-10 所示。荧光灯的安装以吊挂式直管荧光灯具为例，介绍其组装与接线的步骤，如表 7-6 所示。

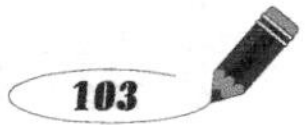

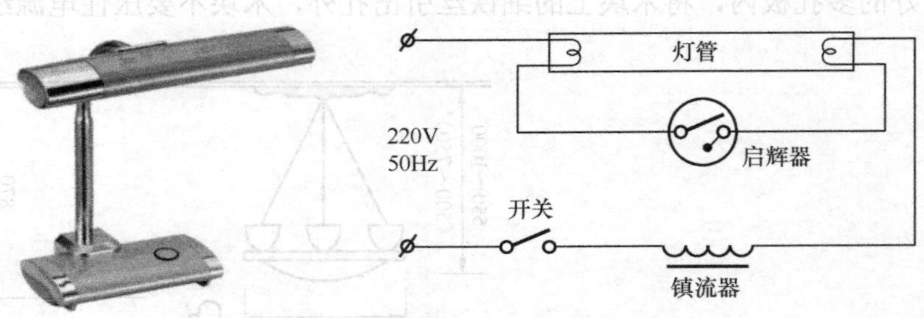

图 7-10　荧光灯照明的基本电路图

表 7-6　　吊挂式直管荧光灯的组装与接线

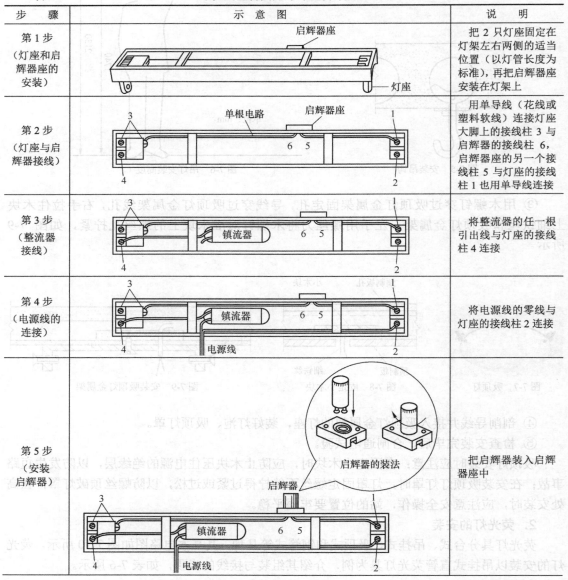

步　　骤	示　意　图	说　　明
第 1 步 （灯座和启辉器座的安装）	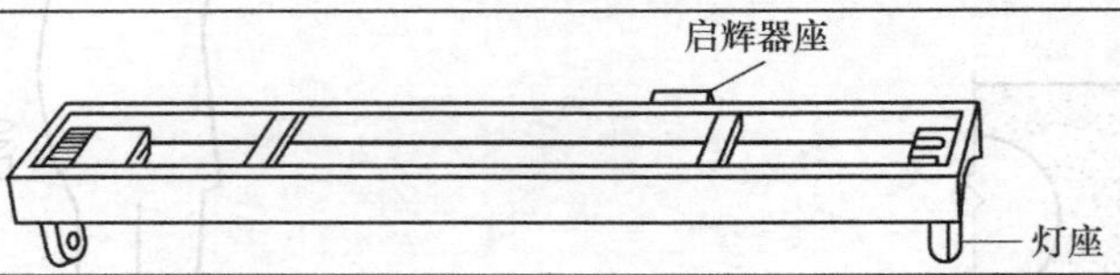 启辉器座 灯座	把 2 只灯座固定在灯架左右两侧的适当位置（以灯管长度为标准），再把启辉器座安装在灯架上
第 2 步 （灯座与启辉器接线）	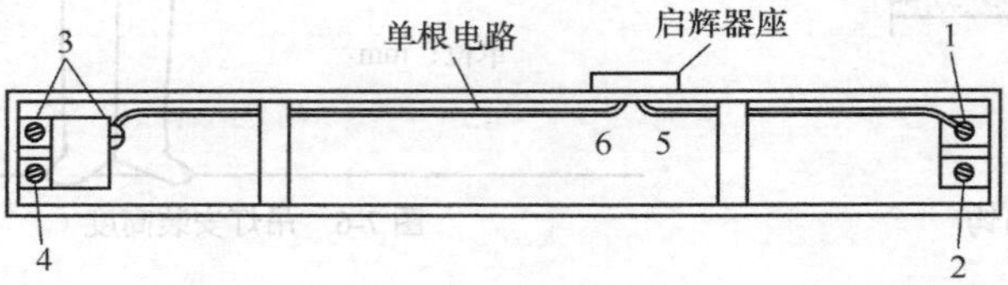 单根电路　启辉器座 3　1　6　5　4　2	用单导线（花线或塑料软线）连接灯座大脚上的接线柱 3 与启辉器的接线柱 6，启辉器座的另一个接线柱 5 与灯座的接线柱 1 也用单导线连接
第 3 步 （整流器接线）	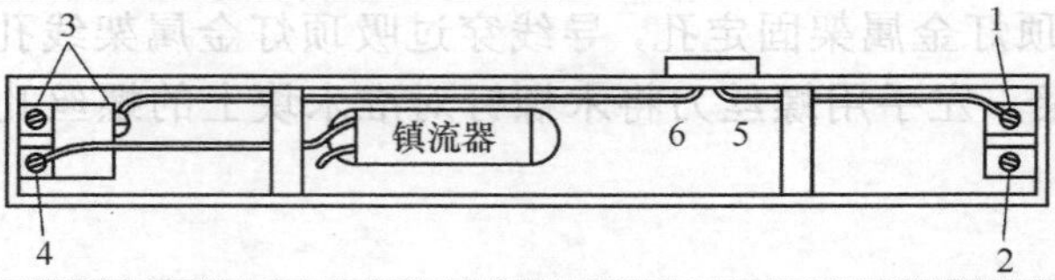 3　1　镇流器　6　5　4　2	将整流器的任一根引出线与灯座的接线柱 4 连接
第 4 步 （电源线的连接）	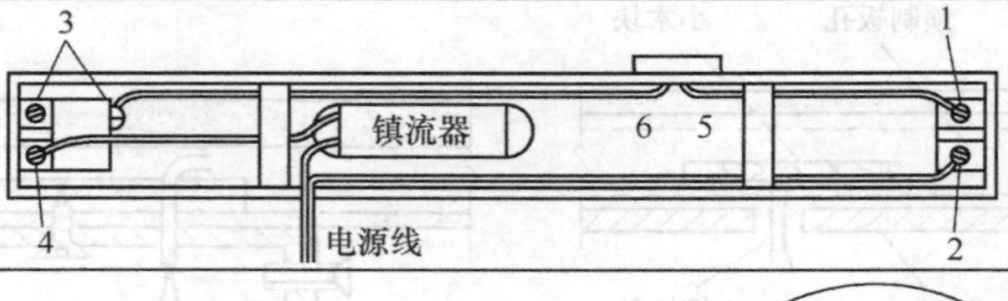 3　1　镇流器　6　5　4　2 电源线	将电源线的零线与灯座的接线柱 2 连接
第 5 步 （安装启辉器）	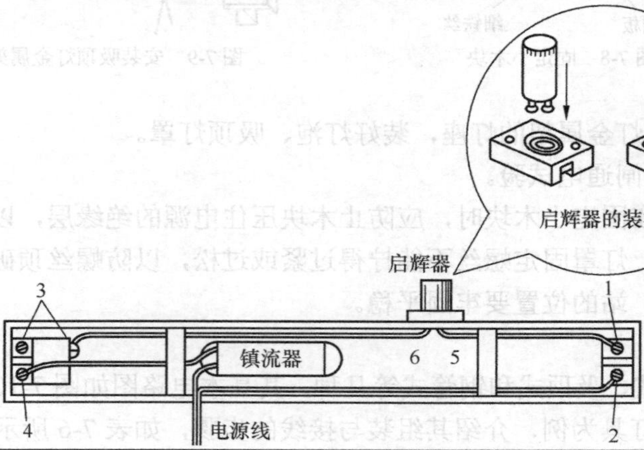 启辉器的装法 启辉器 3　1　镇流器　6　5　4　2 电源线	把启辉器装入启辉器座中

续表

步　骤	示　意　图	说　明
第 6 步（安装灯管和悬挂荧光灯）		将灯管装入灯座中，保证它们的良好接触，并装好链条，将荧光灯悬挂在天花板上，如图所示。最后通过开关将两根引接线分别与相线、零线接好，即完成荧光灯的安装工作

安装荧光灯时应注意：荧光灯及其附件应配套使用，应有防止因灯脚松动而使灯管跌落的措施，如采用弹簧灯脚或用扎线把灯管固定在灯架上；荧光灯不得紧贴装在有易燃性的建筑材料上，灯架内的镇流器应有适当的通风装置；嵌入顶棚内的荧光灯安装应固定在专设的框架上，电源线不应贴近灯具的外壳。

上网或翻阅资料，查找有关环形或 U 形荧光灯安装方式并与同学交流。

知识二  **安全用电与节约用电**

一、安全用电的意义

安全用电是安全领域中直接与电关联的科学技术与管理工程。它包括安全用电的实践、安全用电的教育和安全用电的科研等。安全用电是以安全为目标，以电气为领域的应用科学。

（1）安全用电具有特别重大的意义。由于电力生产和使用的特殊性，即发电、供电和用电是同时进行的，用电事故的发生会造成全厂停电、设备损坏以及人身伤亡，还可能波及电力系统，造成大面积停电的重大事故。

（2）不论是工业、农业，还是其他行业；不论是生产领域，还是生活领域，都离不开电，都会遇到各种不同的安全用电问题。

（3）电力工业的高速发展必将促进安全用电工作，用电事故的严重性决定了安全用电的

迫切性。此外，电具有看不见、摸不到、嗅不着的特点，人们不易直接感受它和认识它，电磁学的理论也比较抽象，这些都将增加电气安全工作的难度。当然，只要我们努力熟悉它的特点，就一定能够掌握安全用电的规律，并做好安全用电工作。

二、节约用电的意义

电能是由其他形式的能源转换而来的二次能源，是一种与工农业生产和人民生活密切相关的优质能源。要实现高速发展，就必须采用先进的科学技术，利用机械化、电气化和自动化来提高劳动生产率。同时，为了提高全民族的文化和物质生活，也要消耗大量的电能。我国虽然有丰富的资源，但人均占有率很有限，因开采、运输、利用效率等各种原因的制约，还远远不能满足工农业生产飞速发展和人民生活不断提高的要求，特别是电能，尤为突出。目前我国电能供应不足，却还存在很大的浪费。节约用电是我国的基本原则，节电就是节约能源。

你知道一度电能做什么事吗？看一看图 7-11 所列出的具体材料，就足以说明节约用电在节能工作中和国民经济中举足轻重的地位。

图 7-11　一度电的作用真不小

“节约用电、从我做起”。据有关资料统计，照明用电占整个电能消耗的 15%。因此，节约照明用电是人人值得重视的一项工作。节约用电首先要在思想上树立“节约用电光荣，浪费电能可耻”的正确观点，养成随手开、关灯的良好习惯；其次是充分利用自然光、灯光合理布置、采用高效电光源、有效的照明配线和自动控制开关等。表 7-7 所示为家用照明装置的主要节电方法。表 7-8 所示为高效节能灯光通量与荧光灯光通量对照代换表。

表 7-7　　　　家用照明装置的主要节电方法

方　法	具体措施	说　明
减少开灯时间	（1）安装光控照明开关，防止照明日夜不分 （2）安装定时开关或延时开关，使人不常去或不长时间停留的地方的灯及时关闭	（1）提高节电的自觉性 （2）自动开关故障率较高，注意其形式和负荷能力的选择
减少配电线路损耗	（1）采用三相四线制供电线路 （2）使用功率因数高的（电子）镇流器 （3）用并联电容器提高荧光灯线路的功率因数	（1）镇流器必须与荧光灯的额定功率相配合 （2）并联电容器必须与荧光灯的额定功率及电感镇流器的参数配合
减少镇流器损耗	用电子镇流器替代电感式镇流器	电子镇流器必须与荧光灯的额定功率配合
降低需要照度	（1）重新估计照明水平 （2）改善自然采光 （3）采用调光镇流器或调光开关，进行调光 （4）控制灯的数目	要确保生活、学习和工作的需要
减少灯的数目	对已有的照明要检查是否有无用的灯；改善不良的照明器的安装以减少灯的数目	一定要分清照度过分或照度不足
提高利用系数	采用高效率的照明器具	必须注意抑制眩光
提高维护系数	（1）选用反射面的反射率逐年下降率比较小的照明器具 （2）定期清扫照明器具和更换灯泡（管）	清扫和更换照明器具要注意安全
采用高光效的灯	换用节电型的灯	在条件允许的情况下，照明可采用高效电光源。为了便于比较，将目前市场上主要型号的高效节能灯光通量与相应荧光灯光通量对照关系列于表 7-8 中

表 7-8　　　　高效节能灯光通量与荧光灯光通量对照代换表

荧光灯			高效节能灯			
型　号	额定功率（W）	光通量（lm）	型　号	额定功率（W）	光通量（lm）	相当于荧光灯的额定功率及倍数
YZ6	6	150	PL-S5W	5.4	250	8W
YZ8	8	250	SUlA-5	5	225	8W（−10%）
YZ15	15	580	PL-S7W	7.1	400	8W 的 1.6 倍
YZ20	20	970	DY2U-7	7	380	8W 的 1.2 倍
YZ30	30	1 550	PL-S9W	8.7	600	15W 的 1.034 倍
YZ40	40	2 400	SUlA-10	10	450	15W 的 0.776 倍

（1）减少配电线路损耗。配电方式涉及所有的电气设备，配电线路的损耗因配电方式不同而有很大差别。我国民用照明配电方式规定为三相四线制，进入各家用户是单相两线制。因此，要减少配电线路损耗。对于采用荧光灯为电光源的照明线路，并联电容器或用电子镇流器替代电感式镇流器是最为有效的方法。

（2）降低照度。在不影响工作和学习的前提下适当降低照度。为此可以采取相应的技术措施。例如使用调光型镇流器或调光开关随时进行调光，以及控制灯的数量等。

（3）提高维护系数。为了使照明效率不降低，首先要选用灯具效率逐年降低比例较小的

灯具，其次是定期清扫灯具和更换灯泡或灯管。灯具效率降低的原因主要是反射镜上积有灰尘或遭到腐蚀。镜面性能维护良好的程度与反射镜的材质、加工精度和有无保护膜等有关。

（4）采用高效电光源。光效是指一种光源每单位（W）功率所发出的光通量。由于照明电能几乎是由照明灯消耗掉的，因此，要选用灯具效率高或光束效率高的产品。

（5）减少镇流器的损耗。电感式镇流器会使电流滞后，产生无功损耗。据统计分析，采用荧光灯照明的场合，电感式镇流器的损耗占20%～35%。其功率因数较低。因此，除了安装电容器进行无功补偿外，还应积极推广电子镇流器。

上网查阅关于节约用电的方法，并在课堂上或课余时间与同学交流自己节电的做法。

知识拓展

拓展 1　灯具的选购技巧

① 尽可能选购国内或国外的知名厂商生产的产品。

② 是否有相应检验合格证书；是否有产品的厂家、厂址、联系电话等，不选三无产品。

③ 很多灯饰造型复杂，常有多个部分组成，购买时一定要检查各个部件是否齐全。另外，还应细心检查灯具有无损坏或弊病。

灯具质量的鉴别包括以下几方面。

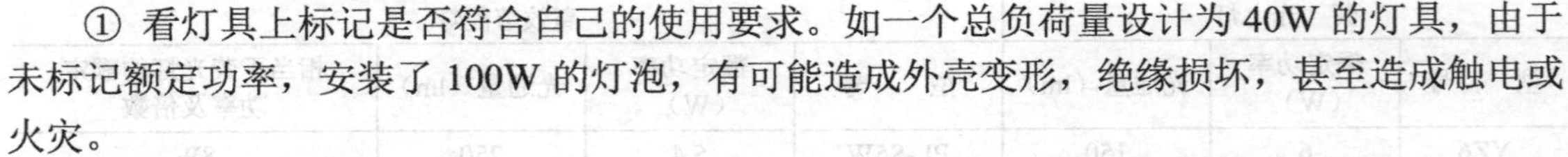

① 看灯具上标记是否符合自己的使用要求。如一个总负荷量设计为40W的灯具，由于未标记额定功率，安装了100W的灯泡，有可能造成外壳变形，绝缘损坏，甚至造成触电或火灾。

② 看有无防触电保护。如果买的是白炽灯具，灯具带电体不能外露，灯泡装入灯座后，手指应不能触及带电的金属灯头。

③ 看导线截面积。标准导线的截面积是 $0.75m^2$，有的厂家为了降低成本，导线的截面积只有 $0.2m^2$。导线过细承载电流的能力就小，使用时导线容易发热，时间一长绝缘性能就会大大降低，严重时会使电线过热，发生短路故障。

④ 从灯具的机构鉴别。质量优良的灯具导线经过的金属管出入口应无锐边。台灯、落地灯等可移式灯具在电源入口应有导线固定架。

拓展 2　眩光的危害性

我们知道太阳是自然界中最大的光源，人类除在白天进行生产和学习外，也要利用夜间从事生产和学习活动，因此人们的活动必须借助人造光源。而且，白天的工作和学习，有时

也需要用人造光来补充阳光的不足。这样，人造光与我们的工作、学习和日常生活就有了极为密切的关系。良好的照明装置和合理的亮度，可以减少视觉疲倦，保护眼睛健康，有利于工作、学习和日常生活。因此，对于光质量应给予足够的重视。

在日常生活中，人们有时会遇到一些使人眼睛睁不开、看不清物象，影响学习或工作，甚至会损伤眼睛的光。我们把这种光称为眩光。

根据眩光对人视觉影响的程度，可分为失能眩光和不舒适眩光。降低视觉功效可见度的眩光称为失能眩光。失能眩光出现后，就会降低目标和背景之间的亮度对比，使视度下降，甚至丧失视力。而引起人眼不舒服感觉，但并不一定降低视觉功效可见度的眩光称为不舒适眩光。不舒适眩光会影响人们的注意力，长时间就会增加视觉疲劳。所以，在视野范围内，人们要尽量避免眩光（失能眩光和不舒适眩光）对眼睛的伤害。例如，娱乐场所过分应用强光技术（见图 7-12），会引起白内障，其眩目的彩光，久视之后也会影响视神经和中枢神经系统，使人出现头晕眼花等症状。特别是青少年处于长身体、学文化的关键阶段，更不能忽视“眩光”的危害性。

图 7-12 不可忽视镭射光饰的污染

避免眩光伤害的措施：一是限制光源的亮度；二是光源（灯具）悬挂高度要适当；三是合理分布光源，使光源远离视觉中心；四是适当提高环境的亮度。

拓展 3 家庭节电小窍门

针对普通市民如何节电的问题，给出了以下节电方法。要养成节电习惯，做到人走灯灭，避免“长明灯”；随时关闭无用空转的电器；使用国家推广的节能电器；充分利用自然光等。下面是电冰箱、空调器、洗衣机、电风扇、照明灯等一些家用电器的节电小窍门。

1. 电冰箱节电方法

电冰箱节电方法：一定要选用国家标准的节能电冰箱，并将其放在离热源远一点的地方，尽量减少电冰箱的开门次数，不要将物品堆得太满、太密。此外，还要进行及时除霜，冷冻室霜层达 4～6mm，制冷时将比正常制冷多消耗 1/3 的电量。

不论是单门或双门冰箱，只要一打开箱门，箱内的冷空气和箱外的热空气就会迅速对流，使箱内温度提高，增加压缩机的工作时间，因而增加电耗和机件的磨损。为此，要注意电冰箱位置的选择和使用的方法。

（1）位置选择。电冰箱的放置位置和使用方法，都对耗电量有影响。放置位置应是阴凉通风之处，这样冰箱散热快，制冷机的运转负荷减轻，耗电量就小一点。

（2）使用方法。放入箱内的食品数量越多，温度越高，耗电量也越高。所以，应尽可能将热食或饮料冷却后再放入冰箱，并根据食品种类来选择合理的制冷温度。此外，开箱取物应有计划，尽量减少开闭冰箱门的次数，以免带进太多的热量，增加压缩机的工作时间。也可以在冷藏室的每层网格前装夹一块比该格门面稍大的无毒透明塑料薄膜，犹如冬天在门上装挂的保温棉门帘一样，使箱内外冷热空气的对流受到阻隔，减少冷气损失。采取这一措施以后，制冷压缩机的工作次数可明显减少，同时也延长了压缩机的寿命。每月可节电 10 度左右。通过透明的塑料薄膜门帘，对箱内的冷藏物可以一目了然，翻开薄膜存取也很方便。

2．家用空调节电方法

家用空调的节电方法：夏季使用空调时，切忌温度太低，以26℃运行一段时间后设置为27℃为宜；合理设置运行时间，一般在睡觉前定时1h为最佳；同时可选用变频空调器，既省电省钱，噪声又小；此外，一定要及时清洗空调过滤网。

3．洗衣机节电方法

在使用洗衣机时，一定要根据所洗衣物的质地，合理选择功能开关（强、弱、标准）；每次洗衣量应接近最大洗衣量，减少投放次数。洗衣机使用一段时间后（约为3年），应及时收紧带动洗衣机的皮带，既防止打滑，也可达到节电的目的。

由于洗衣机的耗电量随着洗衣时间的增加而增大，因而，在保征衣物洗涤干净的前提下，适当地减少洗涤时间是节电的关键。要想使洗衣机节电应注意下列几点。

（1）掌握洗涤时间。洗涤时间可根据织物种类，脏污程度来确定，通常洗衣机的洗涤时间为6～7min，洗净后用水漂洗，每次漂洗2min左右，漂洗2～3次即可。

（2）衣服在洗涤前不要长时间浸泡在水中，浸泡的时间越长，衣服上的污垢越不易洗掉，就会加长洗衣机洗涤时间，一般衣物在均匀的洗衣粉水中浸泡15min即可洗涤。

（3）对较脏的衣领、袖口、膝盖、腋下等处，应先用肥皂水揉搓后再放入洗衣机内洗涤，从而缩短洗涤时间。

（4）洗涤时，洗衣粉用量不宜过多。洗衣粉放得太多，在洗涤时产生的泡沫也就多，这样不仅浪费了洗衣粉，而且还会因漂洗次数增多而增加洗涤时间。一般每洗1kg衣服，可放入洗衣粉20～30g，同时，应根据不同的水质适当增减洗衣粉用量。

（5）洗涤时所使用的水温要适当。通常水温高比水温低洗涤效果好，可节省洗涤时间，但不要超过60℃，因为水温超过60℃后，洗涤效果提高不明显，反而使污垢中的某些成分，在高温下易变质凝固，附着在衣服上增加洗涤困难。对于一些内桶是塑料的洗衣机，则更不可使用太高的洗涤水温，否则将使桶体变形，缩短洗衣机的寿命。

4．电风扇节电方法

电风扇节电方法：电风扇的转速一般设慢、中、快三挡，慢挡耗电功率比中挡、快挡要小。同一台电扇，快、慢挡的耗电量大约相差40%。但是，启动电风扇时应使用快挡，这样容易启动，不会由于启动慢、启动电流过大而烧坏电动机。

5．照明节电方法

照明节电是最容易被忽视的问题。节能灯（见图7-13）的光效一般比白炽灯高四五倍（60W白炽灯约等于13W节能灯），使用节能灯照明可以有效节约用电。当然，还要尽量减少开关灯的次数，避免长期在潮湿、高温或低温条件下使用。此外，及时更换新灯也是非常必要的。

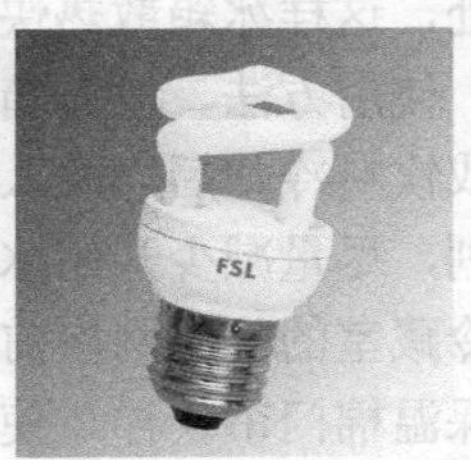

图7-13 节能灯

拓展 4  2009“地球一小时”活动

每年 3 月 28 日晚 8 点 30 分，从新西兰东岸查塔姆群岛开始，参与这一活动的全球各地按照所处时区不同相继熄灯。从澳大利亚悉尼歌剧院，到美国“赌城”拉斯维加斯的赌场；从中国北京的鸟巢，到英国伦敦的“伦敦眼”；从埃及吉萨金字塔，到法国巴黎的埃菲尔铁塔，全球多个地标性建筑都熄灯了。全球 84 个国家和地区超过 3 000 个城市和村镇熄灯一小时，以实际行动呼吁节约能源，减少温室气体排放。

图 7-14　志愿者早早赶到鸟巢

2009 年的“关灯”行动已经是第三次了，也是中国第一次有组织、大规模的参与（见图 7-14）。北京的鸟巢、水立方（见图 7-15）等标志性建筑以及一些企业和小区居民自愿“关灯”。

图 7-15　引人注目的、恢宏雄伟的鸟巢、水立方

在活动开始那一刻，引人注目的、恢宏雄伟的鸟巢、水立方和玲珑塔准时关灯。在 3 个建筑中，恢宏雄伟的鸟巢第一个开始关灯。在“10、9、8……3、2、1”的倒数声中，红黄灯光相间的鸟巢最高层的灯光开始熄灭，紧接着鸟巢中部的灯光和底部的灯光相继熄灭，整个过程持续了不到 10s。瞬间全部变暗，现场响起了一片热烈掌声。

“地球一小时”简介，“地球一小时”由世界自然基金会发起。2007 年 3 月 31 日，这一活动首次举行，澳大利亚悉尼超过 220 万民众关闭照明灯和电器一小时。2008 年 3 月 29 日，活动吸引 35 个国家和地区大约 400 个城镇的 5 000 万民众参与。2009 年 3 月 28 日活动得到全世界 80 多个国家和地区 1 000 座城市约 10 亿人响应。我国的北京、上海、香港等许多城市也加入到这一活动中。

据北京电网负荷实时监测系统显示，此时北京地区用电负荷比正常负荷降低了 7 万千瓦左右。业内人士分析说，这一数字意味着北京地区的照明用电节省了 7 万千瓦。虽然这个变化对整个电网来说，是一个非常微小的变化，但这一数字反映了公众对节能的关注。

上网或查阅相关资料，了解家用电器节电的案例，并在课堂上或课余时间与同学进行交流。

"温馨提示"

树立"节约用电光荣，浪费电能可耻"的正确观点，养成随手开、关灯的良好习惯。

思考与练习

一、填空题

1．光是人类认识外部世界的工具，是信息的理想载体和传播媒质。光有________和________之分，电光源是一种________。

2．电光源的基本参数有：________等。

3．常用电光源有：________等。

4．室内常用灯具有：________等。

5．白炽灯具和荧光灯具是目前家用照明中最重要的电光源灯具。白炽灯具有________等优点；荧光灯具有________等优点。

6．避免眩光伤害的措施：一是________；二是________；三是________；四是________。

二、选择题（将正确答案的序号填入括号中）

1．"地球一小时"由（　　）发起。

A．联合国　　B．世界自然基金会　　C．世界电工协会

2．2009 年 3 月 28 日的"地球一小时"活动得到全世界多少国家、地区多少座城市约 10 亿人的响应。（　　）

A．60 多，800　　B．70 多，900　　C．80 多，1 000

3．在第 3 次"关灯"行动中，我国北京地区的照明用电节省约（　　）千瓦。

A．7 万　　B．8 万　　C．9 万

三、简答题

1．安装壁灯时应注意什么问题？

2．安装吊灯时应注意什么问题？

3．安装吸顶灯时应注意什么问题？

4．安装荧光灯时应注意什么问题？

5．谈谈节约用电的意义。

模块八 电气用具和电气安全管理

电气用具和电气设备在各行各业的应用极为广泛。若安装不妥当、使用不合理、维修不及时，尤其是电气人员如缺乏必要的安全知识与安全技能，或是草率马虎、违章作业，轻则浪费电能、降低工效、增大成本，重则会引发各类事故，如触电伤亡、设备损坏、停电停产，甚至发生电气火灾或造成爆炸等惨重后果。所以正确选用电气用具，加强电气安全管理，确保用电安全，防止事故发生有十分重要的意义。

通过本模块的学习（操练），了解电工作业人员从业条件和工作职责，熟悉电气屏护、间距及安全标志，知道电气线路和用电设备安全技术。

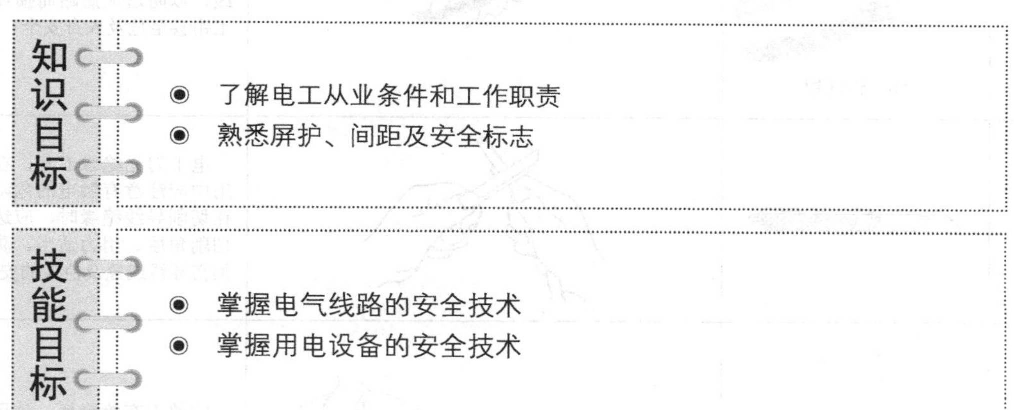

知识目标
◉ 了解电工从业条件和工作职责
◉ 熟悉屏护、间距及安全标志
技能目标
◉ 掌握电气线路的安全技术
◉ 掌握用电设备的安全技术

情景模拟

“我要当一名优秀的电气工程管理人员。爸爸的电工包存放着各种‘电工宝贝’，它们到底有什么用……”这一切一直是小任的悬念和期望。终于 2010 年毕业的小任开始了他的揭密和学习。

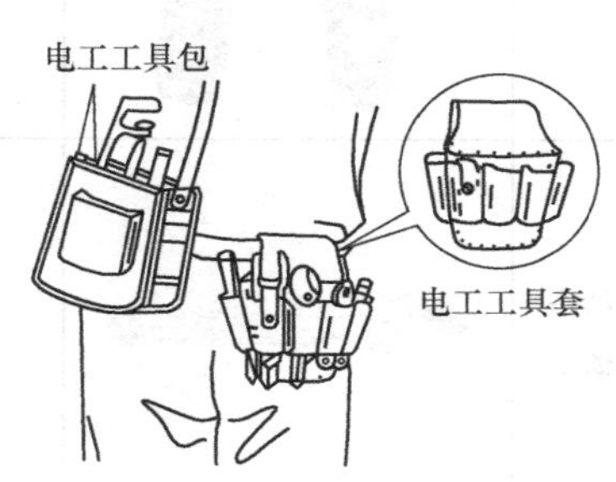

你知道小任爸爸电工包内存放着的东西吗？你了解电工从业条件和工作职责吗？你熟悉屏护、间距及安全标志吗？你掌握电气线路和用电设备的安全技术吗？让我们一起来学习电气用具和电气安全管理方面的知识吧！

基础知识

知识一 电工安全器具与仪表

一、电工基本使用工具

电工基本工具有电工钳、电工刀、螺丝刀、活络板手、电烙铁、喷灯及梯子等，如表 8-1 所示。

表 8-1 电工基本工具

名称	实物图	示意图	说明
电工钳	（a）尖嘴钳 （b）钢丝钳		电工钳有绝缘柄，在使用中手要握在绝缘柄部分，以防止触电。用电工钳剪断导线时，不得同时剪切两根导线，以防造成短路而损坏电工钳甚至危及人身安全
电工刀			电工刀无绝缘部分，在使用中应注意有触电的危险。在切削导线绝缘时，应选好切削角度、用力适当，防止损伤导线或危及他人的安全
螺丝刀		一字口 绝缘层 一字槽形 十字口 绝缘层 十字槽形	螺丝刀有绝缘柄，使用时手要握在绝缘柄部分，用其紧固元件时，若左手持元件，右手操作则右手不可用力过大，以防螺丝刀滑脱将左手扎破
活络扳手			活络扳手无绝缘，使用时注意与带电体的距离。活络扳手的嘴口开度要适宜，应比欲搬动的器件外径略微大一点，不可过松，防止用力太大而致使扳手滑脱使操作者或他人受伤

续表

名称	实物图	示意图	说明
手锤			手锤是用来锤击的工具。使用时，右手应握在木柄的尾部，才能施出较大的力量；在锤击时，用力要均匀、落锤点要准确
电烙铁			电烙铁属电热器件，在使用中应注意防止烫伤。电烙铁的电源线与电烙铁发热部分应有足够的距离，电源线的导线截面应与电烙铁的容量配合，防止导线碰触发热部分或因导线截面过小而发热使导线损坏。使用电烙铁前，应检查其是否漏电。不使用时应放在金属支架上。用毕，待烙铁冷却之后方可收起，以免发生火灾
喷灯			喷灯属于明火设备，使用前要检查喷灯有无漏气现象，使用喷灯的工作地点附近不得有易燃、易爆物品
梯子	防滑胶皮		梯子是电工在高处作业的常备工具，使用时首先检查梯子的牢固程度，无论何种材质的梯子的触地部分都应有可靠的防滑装置，在单梯子工作时，梯子与地面的夹角应在60°左右；人字梯子必须具有坚固的绞链和限制开度的拉链控制；作业人员在梯子上工作时，其脚部必须登在距梯子顶部不小于 1m 的梯蹬上工作，两个人不能同时在一个梯子上工作；若梯子放在过道又位于房间的门前工作，则应设专人监护，防止门突然打开碰倒梯子，摔伤梯子上的作业人员

续表

名称	实物图	示意图	说明
梯子			
踏板	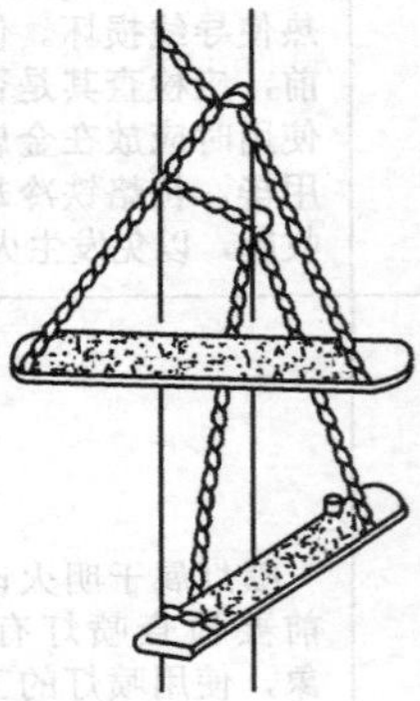		踏板又叫蹬板，用来登电杆。踏板由板、绳索和挂钩等组成。板是质地坚韧的木质材料，绳索是 16mm 三股白棕绳，挂钩是钢制的，如图所示。 踏板登高安全知识如下： ① 踏板使用前，一定要检查踏板应无开裂和腐朽，绳索应无断股； ② 挂钩踏板时必须正勾，切勿反勾，以免造成脱钩事故； ③ 登杆前，应先将踏板勾挂好，用人体作冲击载荷试验，检查踏板应合格可靠，同时对腰带也用人体进行冲击载荷试验； ④ 踏板每半年应进行一次载荷试验
脚扣	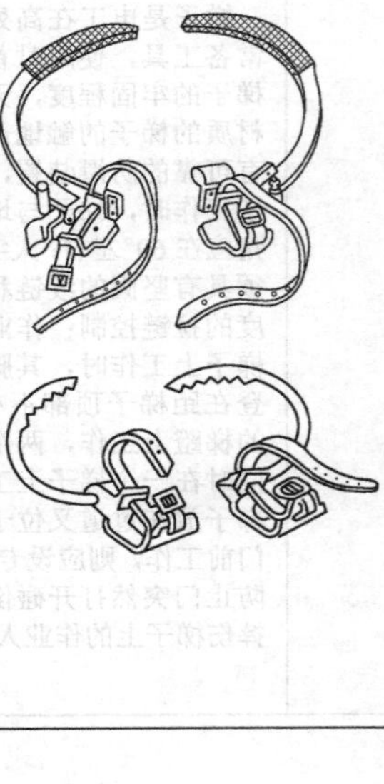		脚扣又叫铁脚，也是攀登电杆的工具。脚扣分为木杆脚扣和水泥杆脚扣两种，如图所示。 脚扣登高安全知识如下： ① 使用前必须仔细检查脚扣各部分应无断裂、腐朽现象，脚扣皮带应牢固可靠，脚扣皮带若损坏，不得用绳子或电线代替； ② 一定要按电杆的规格选择大小合适的脚扣，水泥杆脚扣可用于木杆，但木杆脚扣不能用于水泥杆； ③ 雨天或冰雪天不宜用脚扣登水泥杆； ④ 登杆前，应对脚扣进行人体载荷冲击试验； ⑤ 上、下杆的每一步，必须使脚完全套入脚扣并使脚扣可靠地扣住电杆，才能移动身体，否则会造成事故

续表

名称	实物图	示意图	说明
腰带、保险绳和腰绳			腰带、保险绳和腰绳是电杆登高操作的必备用品。腰带、保险绳和腰绳如图所示。 腰带用来系挂保险绳和吊物绳，在使用时应系在臀部上部，不应系在腰间。 保险绳用来防止万一失足人体下落时不致坠地摔伤，其一端要可靠地系结在腰带上，另一端用保险钩勾在电杆的横担或抱箍上。 腰绳用来固定人体下部，使用时应系在电杆的横担或抱箍下方，防止腰绳窜出电杆顶部，造成工伤事故

二、电工基本测量仪表

电工基本测量仪表有摇表、万用表和钳形电流表等，如表 8-2、表 8-3、表 8-4 所示。

表 8-2　　摇表的使用

实物图 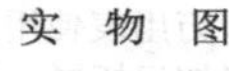	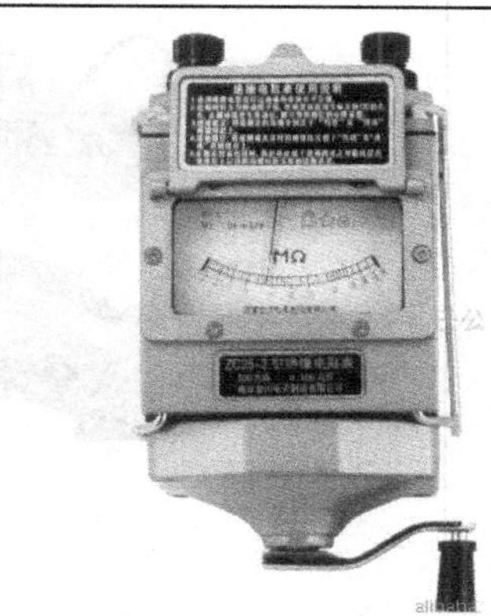
说明	摇表，又称为兆欧表，其用途是测试线路或电气设备的绝缘状况。其使用方法及注意事项见模块八电气安全检测技术
使用示图	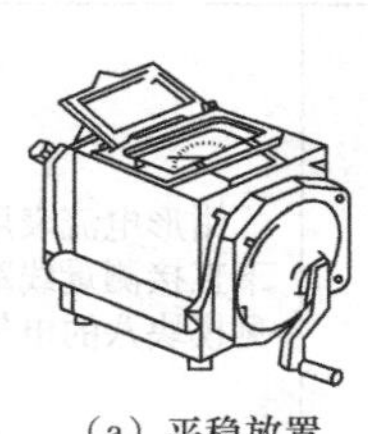 (a) 平稳放置 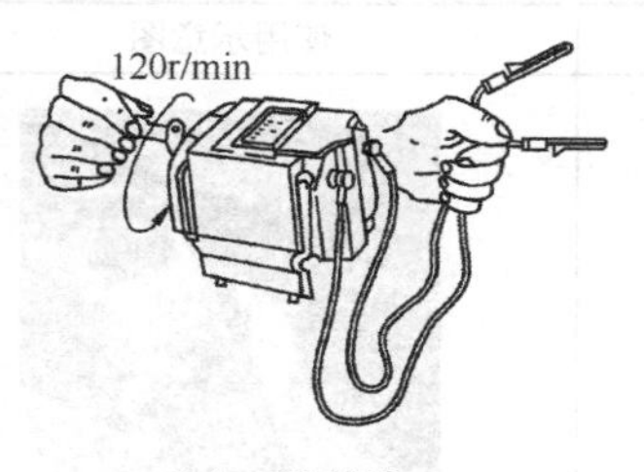 (b) 开路试验 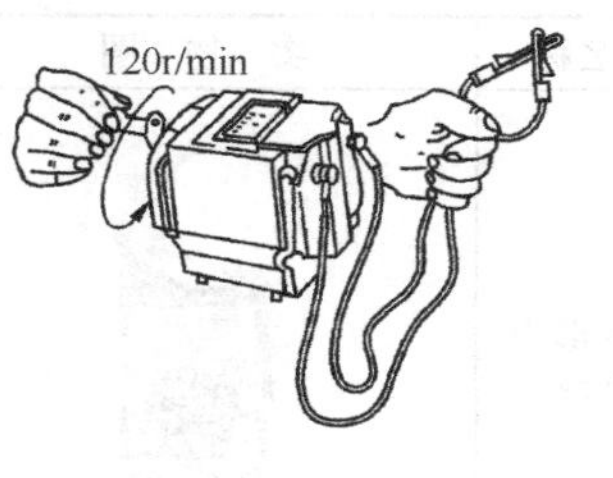 (c) 短路试验

续表

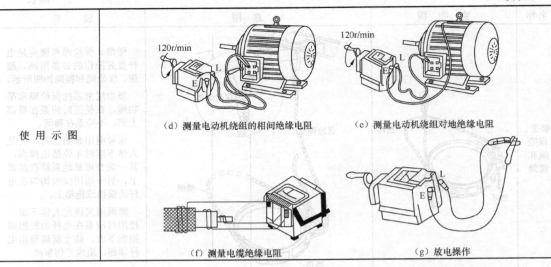

使用示图	(d) 测量电动机绕组的相间绝缘电阻 (e) 测量电动机绕组对地绝缘电阻 (f) 测量电缆绝缘电阻 (g) 放电操作

表 8-3　　万用表的使用

名称	实物图	使用示意图	说明
万用表	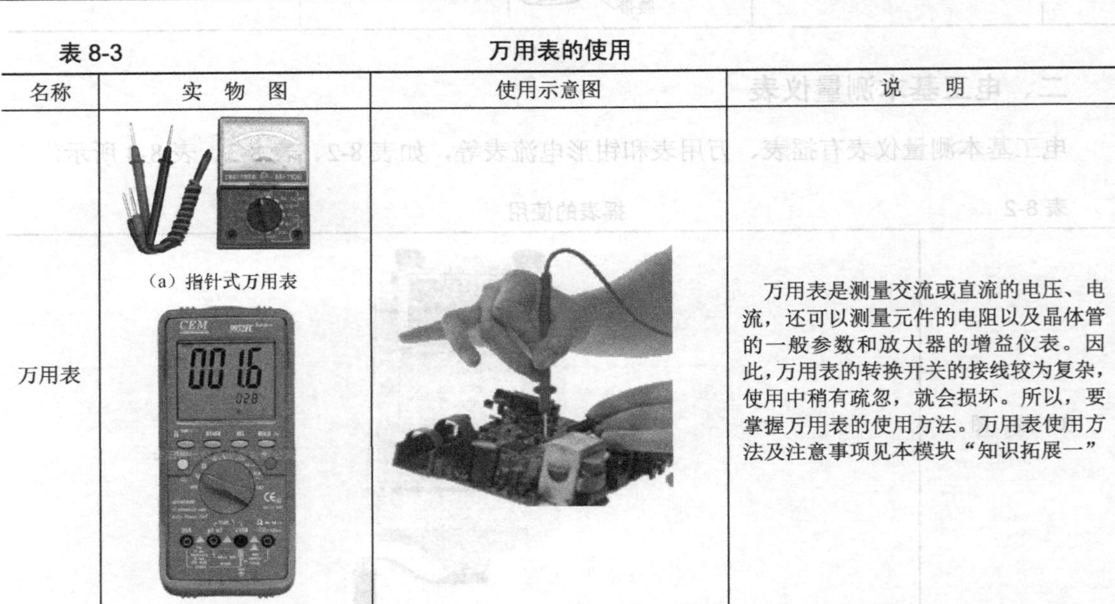 (a) 指针式万用表 (b) 数字式万用表		万用表是测量交流或直流的电压、电流，还可以测量元件的电阻以及晶体管的一般参数和放大器的增益仪表。因此，万用表的转换开关的接线较为复杂，使用中稍有疏忽，就会损坏。所以，要掌握万用表的使用方法。万用表使用方法及注意事项见本模块“知识拓展一”

表 8-4　　钳形电流表的使用

名称	实物图	使用示意图	说明
钳形电流表			钳形电流表用于在不拆断线路的情况下直接测量线路中的电流。其使用方法见模块八的电气安全检测技术

三、电工基本安全用具

电工基本安全用具有验电笔、绝缘棒、绝缘夹钳等，如表 8-5 所示。

表 8-5　电工基本安全用具

名　称	示　意　图	说　明
验电笔	（a）低压验电器　（b）高压验电器	验电笔又称测电笔，是一种检测电器及其线路是否有电的低压验电工具。在使用时，右手握住验电笔身，食指触及笔身金属体（尾部），验电笔小窗口朝向自己眼睛
绝缘棒		高压绝缘棒又称高压操作杆或绝缘操作杆，是高压验电器、高压验电笔的配套绝缘棒组合套件，应用于各类高压测试仪
绝缘夹钳		绝缘夹钳是用来安装和拆卸高压熔断器或执行其他类似工作的工具。 绝缘夹钳使用及保存应注意的事项如下： （1）使用时绝缘夹钳不允许装接地线； （2）在潮湿天气只能使用专用的防雨绝缘夹钳； （3）绝缘夹钳应保存在特制的箱子内，以防受潮； （4）绝缘夹钳应定期进行试验

四、电工常用辅助安全用具

电工常用辅助安全用具有绝缘手套、绝缘鞋、橡胶垫等，如表 8-6 所示。

表 8-6　电工常用辅助安全用具

名　称	示　意　图	说　明
绝缘手套		绝缘手套是带电作业中作业人员最重要的人身防护用具，只要接触带电体，不论其是否在带电状态，均必须戴好手套后作业

续表

名　称	示意图	说　明
绝缘鞋 绝缘靴		绝缘鞋（靴）是电气设备上的安全辅助用具。 使用时，应根据作业场所电压高低正确选用，低压绝缘鞋（靴）禁止在高压电气设备上作为安全辅助用具使用，高压绝缘鞋（靴）可以作为高压和低压电气设备上辅助安全用具使用。但不论是穿低压或高压绝缘鞋（靴），均不得直接用手接触电气设备
橡胶垫		橡胶垫是电气设备上的安全辅助用品。 使用时，应根据作业场所电压高低正确选用，低压橡胶垫禁止在高压电气设备上作为安全辅助用品使用

请同学们到商店或上网查看万用表，完成表 8-7 中的内容并用其中一款完成电压、电流、电阻的测量工作。

表 8-7　　各种万用表性能价格比较表

序　号	分　类	型　号	功　能	品　牌	价　格	生产厂家
1	指针式					
2	数字式					

做一做　测量工作

测量内容	测量结果（所测量电压、电流、电阻的对象由教师提供或指定）
测电流	
测电压	
测电阻	

知识二　对电气工作人员的要求

一、电气人员的从业条件

电工作业是指在发电、输电、变电、配电和用电等领域中，从事设备、装置、线路等的安装、运行、检修、试验、维护等电工工作，必须具备以下条件。

1．有良好的精神素质

精神素质包括为人民服务的思想，忠于职守的职业道德，精益求精的工作作风。体现在工作上就是要坚持岗位责任制，工作中头脑清醒，作风严谨、文明、细致；不敷衍塞责，不草率从事，对不安全的因素时刻保持警惕。

2．有健康的身体

电气作业人员必须身体健康，由医生鉴定无防碍电气作业的疾病。凡有高血压、心脏病、癔病、气喘病、癫痫病、神经病、精神分裂症以及耳聋、眼瞎、色盲、高度近视（裸眼视力，一眼低于 0.7，另一眼低于 0.4）和肢体残缺者，都不宜直接从事电气工作。

3．必须持证上岗

电气作业人员，必须持证操作；新从事电气工作的工人，必须年满 18 周岁，具有初中以上的文化程度，有电工基础理论和电工专业技能，并经过安全技术培训，熟悉电气安全工作的规章制度，学会电气火灾的扑救方法，掌握触电急救的技能，经考试合格，发给特种作业人员操作证，才能上岗。严禁无证操作。已持证操作的电气人员，必须定期进行安全技术复训和考核，不断提高安全技术水平。

4．自觉遵守工作规程

一切电工人员必须严格遵照执行《电业安全工作规程》。潮湿、高温、多尘、有腐蚀性气体等场所是安全用电和管理工作的重点，不能麻痹大意，不能冒险操作，必须做到“装得安全，拆得彻底，修得及时，用得正确”。这些场所的电气设备要有良好的绝缘性能，要有可靠的保护接地和保护接零。电气工作和管理人员必须突出一个“勤”字，对电气设备要做到勤检查、勤保养、勤维修。任何违反规程的作法，都可能酿成事故，肇事者应对此承担行政或法律责任。

5．熟悉设备和线路

电气工作人员必须熟悉本厂或本部门的电气设备和线路情况。工作人员在不熟悉的设备和线路上作业，容易出差错、造成电气事故。重要的设备，应建立技术档案，内存运行、维修、缺陷和事故记录。只有熟悉设备和线路情况的工作人员方可单独工作。对新调入人员，在熟悉本厂电气设备和线路之前，不得单独从事电气工作，应在本单位有经验人员的指导下进行工作。

6．掌握触电急救技术

电气工作人员必须掌握触电急救技术，首先学会人工呼吸法和胸外心脏挤压法。一旦有人发生触电事故，能够快速、正确地实施救护。

二、电气人员的工作职责

电气工作人员的职责是运用自己掌握的专业知识和技能，勤奋地工作，防止、避免和减少电气事故的发生，保障电气线路和电气设备的安全运行及人身安全，不断提高供、用电装备水平和安全用电水平。在一切可能的地方实现电气化，为祖国的电力事业做出贡献。

电工作业是指在发电、输电、变电、配电、用电等领域中，从事设备、装置、线路等的安装、运行、检修、试验、维护等电工工作。因此，电气作业人员除了完成本岗位的电气技术工作外，还应对自己工作范围内的设备和人身安全负责，杜绝或减少电气事故的发生。电工作业人员的职责如表 8-8 所示。

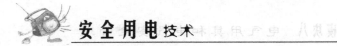

表 8-8　电工作业人员的职责

序　号	职责条目
第 1 条	认真学习、积极宣传、贯彻执行党和国家的劳动保护用电安全法规
第 2 条	严格执行上级有关部门和本企业内的现行有关安全用电等规章制度
第 3 条	认真做好电气线路和电气设备的监护、检查、保养、维修、安装等工作
第 4 条	爱护和正确使用机电设备、工具和个人防护用品
第 5 条	在工作中发现有用电不安全情况，除积极采取紧急安全措施外，应向领导或上级汇报
第 6 条	努力学习电气安全技术知识，不断提高电气技术操作水平
第 7 条	主动积极做好非电工的安全使用电气设备的指导和宣传教育工作
第 8 条	在工作中有权拒绝违章指挥，有权制止任何人违章作业

三、用电事故的处理

在调查分析用电事故、弄清楚事故原因的基础上，要制定切实可行的防范措施。措施要具体并应具体安排负责实施的部门和经办人以及完成的期限。由于违反操作规程等引起误操作的事故，还应对电气工作人员制订出技术业务培训计划和实施的具体内容并定期测验或考核。

同时，用户对发生的 4 种用电事故要及时填写报告，一式三份，一份报当地电力部门的用电监察机构，一份报用户主管部门，一份用户存查。

用电监察人员每进行一次用电事故调查后，除用户填写的事故报告外，自己还要完成有关事故调查的书面详细报告，其内容包括现场调查的全部资料和事故分析会决定的事项以及今后开展安全用电工作的建议等。

事故报告和调查报告应妥善保存，作为今后事故统计和典型事故分析的依据。用电监察机构应由专业技术人员定期对本地区用电事故进行分类综合，以研究分析各类用电事故的动态和发展趋势，掌握各类用电事故发生的规律和特点，提出针对性的防范措施和反事故对策，指导本地区安全用电工作的开展。同时，指导本地区按季节特点制定反事故措施。

全面质量管理（TOC）最先起源于美国，之后在一些工业发达国家开始推行，20 世纪 60 年代后期日本对此又有了新的发展。作为一种先进的企业管理方法，它的基本核心是强调提高人的工作质量，保证和提高产品质量，达到全面提高企业和社会经济效益的目的。其基本特点则是从过去的事后检验和把关为主转变为以预防和改进为主，从管结果变为管因素，查出并抓住影响质量的主要因素，发动全员采用科学管理的理论与方法，使生产的全过程都处于受控制状态。所以，电业的“反事故措施”同样也适用于各厂矿企业，尤其是具体供用电管理部门和每一名电气从业人员。

请同学们上网查阅相关资料，了解从事电气工作的人员如何获得电气操作上岗证书，并在课堂上或课余时间与同学进行交流。

知识三　电气工作人员的安全操作

一、屏护、间距及安全标志

为了贯彻“安全第一、预防为主”的基本方针，从根本上杜绝触电事故的发生，必须在制度上、技术上采取一系列的预防和保护措施，这些措施统称为安全预防技术。

设置屏护和间距是最为常用的电气安全措施之一。屏护和间距可以防止人体与带电部分的直接接触，从而避免电气事故的发生。

1. 屏护与间距

（1）屏护。屏护就是采用遮栏、栅栏、护罩、护盖等防护装置，将带电部位和场地隔离开来的安全防护。屏护分永久性屏护（其装置如配电装置的遮栏、开关的罩壳）和临时屏护（其装置如检修工作中使用的临时屏护装置、临时设备的屏护装置）两大类。屏护装置应有足够的尺寸，应与带电体有足够的安全距离、安装牢固。用金属材料制成的屏护装置应可靠接地（或接零）。常见的屏护装置如表 8-9 所示。

表 8-9　　常见屏护装置

种类		图示	说明
永久性装置	栅栏遮栏		用于电气工作地点四周的、用支架做成的固定围栏，以防止工作人员误入带电区域
	护罩		用于电器的外围的保护装置
	护盖		用于电器的可动部分的装置
临时性装置			用于室内外电气工作地点四周的、支架或绝缘绳索做成的临时性围栏，以防止工作人员误入临时带电区域

（2）间距。间距是指带电体与地面之间、带电体与其他设备和设施之间、带电体与带电体之间所必须保持的最小安全距离或最小空气间隙。其距离的大小取决于电压高低、设备类型、安装方式、周围环境等。直接埋设电缆时，其深度不得小于 0.7m，并应位于冻土层之下。当电缆与热力管道接近时，电缆周围土壤温升不应超过 10℃，超过时，须进行隔热处理。

表 8-10、表 8-11、表 8-12、表 8-13 所示分别为人在带电线路杆上工作时与带电导线的最小安全距离，架空线路与交通设施之间的最小安全距离，电缆之间、电缆与管道、道路、建筑物之间平行和交叉时的最小安全距离，室内低压配电线路与工业管道和设备之间的最小安全距离。

表 8-10　人在带电线路杆上工作时与带电导线的最小安全距离

电压等级（kV）	最小安全距离（m）	电压等级（kV）	最小安全距离（m）
10 及 10 以下	0.70	220	3.00
20～35	1.00	330	4.00
80～110	1.50	500	5.00

表 8-11　架空线路与交通设施之间的最小安全距离

项目		分项	测量基点		最小安全距离（m）	
道路		垂直	路面		6.0	7.0
		水平	电杆至道路边缘		0.5	0.5
铁路	标准轨距	垂直	轨道顶面		7.5	7.5
			承力索或接触线		3.0	3.0
		水平	电杆外缘至轨道中心	交叉	5.0	5.0
				平行	杆高加 3.0	
	窄轨距	垂直	轨道顶面		6.0	6.0
			承力索或接触线		3.0	3.0
		水平	电杆外缘至轨道中心	交叉	5.0	5.0
				平行	杆高加 3.0	

表 8-12　电缆之间、电缆与管道、道路、建筑物之间平行和交叉时的最小安全距离

项目		最小安全距离（m）	
		平行	交叉
电力电缆间及其控制电缆间	10kV 及以下	0.10	0.50
	10kV 及以上	0.25	0.50
控制电缆间		–	0.50
不同使用部门的电缆间		0.50	0.50
热管道（管沟）及热力设备		2.00	0.50
公路		1.50	1.00
铁路路轨		3.00	1.00
电气化铁路路轨	交流	3.00	3.00
	直流	10.0	1.00
杆基础（边缘）		1.00	–
建筑物基础（边缘）		0.60	–
排水沟		1.00	0.50

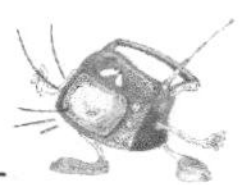

表 8-13　　室内低压配电线路与工业管道和设备之间的最小安全距离

管线形式		导线穿金属管	电缆	明敷绝缘导线	裸母线	配电设备	天车滑触线
煤气管道	平行	100	500	1 000	1 000	1 000	1 500
	交叉	100	300	300	500	500	–
乙炔管道	平行	100	1 000	1 000	2 000	3 000	3 000
	交叉	100	500	500	500	500	–
氧气管道	平行	100	500	500	1 000	1 500	1 500
	交叉	100	500	300	500	500	–
蒸汽管道	交叉	300	300	300	500	500	–
通风管道	平行	–	200	100	1 000	1 000	100
	交叉	–	100	100	500	500	–
上下水道	平行	–	200	100	1 000	1 000	100
	交叉	–	100	100	500	500	–
设备	平行	–	–	–	1 500	1 500	–
	交叉	–	–	–	1 500	1 500	–

注：室内低压配电线路是指 1kV 以下的动力和照明配电线路。

2. 安全标志

安全标志是指在有触电危险的场所或容易产生误判断、误操作的地方，以及存在不安全因素的现场设置的文字或图形标志。

（1）安全色及其含义。安全色又叫颜色标志，用不同的颜色表示不同的意义，其中红色表示禁止、停止；黄色表示警告注意；蓝色表示指令；绿色表示安全状态通行。安全色含义及其举例如表 8-14 所示。

表 8-14　　安全色的含义及用途

颜色	含义	用途举例
红色	禁止停止	禁止标志，停止信号：如机器、车辆上的紧急停止手柄或按钮，禁止人们触动的部位，红色也表示防火
黄色	警告注意	警告标志、警戒标志：如厂内危险机器和坑池边周围的警戒线，行车道中线，安全帽
蓝色	指令	指令标志：如必须佩戴个人防护用具，道路上指引车辆和行人行驶方向的指令
绿色	提示安全状态通行	提示标志：车间内的安全通道，行人和车辆通行标志，消防设备与其他安全防护设备的位置

注：蓝色只有与几何图形同时使用时才表示指令。

（2）安全标志的构成及类型。安全标志是用以表达安全信息的标志，根据国家有关标准，安全标志由图形符号、安全色、几何形状（边框）或文字等构成。按用途可分为禁止标志、警告标志 、指令标志、提示标志等类型，如图 8-1～图 8-4 所示。

紧急出口（左向）

紧急出口（右向）

避险处

可动火区

图 8-1　提示标志

禁止吸烟

禁止靠近

禁止启动

禁止跨越

禁止烟火

禁止停留

禁止合闸

禁止戴手套

禁止用水灭火

禁止通行

禁止触摸

禁止穿带钉鞋

禁止放易燃物

禁止入内

禁止攀登

禁止穿化纤服装

图 8-2　禁止标志

当心火灾

注意安全

当心扎脚

当心激光

当心爆炸

当心瓦斯

当心吊物

当心微波

当心触电

当心弧光

当心坠落

当心机械伤人

当心电缆

当心裂变物质

当心绊倒

图 8-3　警告标志

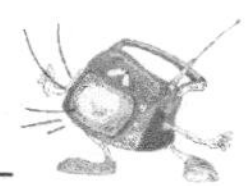

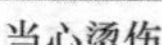
当心烫伤

当心伤手

当心电离辐射

图 8-3 警告标志（续）

必须戴防护眼镜

必须系安全带

必须穿防护鞋

必须戴安全帽

必须戴防护手套

必须穿防护服

必须加锁

必须戴防护帽

图 8-4 指令标志

二、变配电设备及运行巡视

1．变配电设备

变压器是电力系统中使用较多的一种电气设备，它对电能的经济传输、灵活分配和安全使用起着举足轻重的作用。在其他部门中，也广泛使用着各种类型的变压器，以提供特种电源或满足特殊的用途。

电力变压器是变电所内最关键的设备，除此之外，还有许多变配电设备参与运行，其常见种类和外形如表 8-15 所示。

表 8-15 几种常见变配电设备简介

设备名称	示图	说明
油浸式变压器		油浸式变压器具有完善的导油、导气管路系统，变压器油箱顶部装有两个压力释放器，当变压器内部压力达到一定值时能可靠释放能量，确保设备的安全运行。储油柜端头装有磁铁式油表，可直接查看油面位置。由于变压器的储油柜采用隔膜式，使变压器油与大气隔离，避免油受湿和老化

续表

设备名称	示图	说明
干式变压器		干式变压器就是指铁心和绕组不浸渍在绝缘油中的变压器，它是依靠空气对流进行冷却的，一般用于局部照明、电子线路
全密封电力变压器		新型全密封变压器省去储油柜装置，采用波纹油箱，油箱可随内部温度升高而产生一定变形，使变压器进行自助“呼吸”。此种全密封变压器可以十几年免维护，目前多应用于城市供电
固定式高压开关柜		高压成套配电装置（高压开关柜）是按不同用途的接线方案，将所需的高压设备和相关一、二次设备组装而成的成套设备，用于供配电系统的控制、监测、自保护
低压抽出式开关柜		抽屉式低压开关柜的安装方式为抽出式，每个抽屉为一个功能单元，按一、二次线路方案要求将有关功能单元的抽屉叠装安装在封闭的金属柜体内，这种开关柜适用于三相交流系统中，可作为电动机控制中心的配电和控制装置
箱式变电站		组合式变电站又称箱式变电站，它把变压器和高、低压电气设备按一定的一次接线方案组合在一起，置于同一个箱体内，是将高压柜、变压器、低压柜、计量单元及智能系统优化组合成的完整的智能化配电成套装置。目前广泛用于城市高层建筑、住宅小区、市政设施、公路、码头及临时施工用电等场所

在工厂供配电系统中担负输送、变换和分配电能任务的电路，称为主电路（一次电路）；用来控制、指示、监测和保护主电路（一次电路）及其主电路中设备运行的电路，称为二次电路（二次回路）。

一次电路中的所有电气设备，称为一次设备或一次元件，二次电路中的所有电气设备，称为二次设备或二次元件。

2．变配电设备的运行巡视

（1）一般要求。

① 在有人值班的变电所内，应每小时抄表一次。若变压器在过负荷下运行，则至少每半小时抄表一次。

② 无人值班的变电所，应于每次定期巡视时，记录变压器的电压、电流和油温。

③ 定期对电力变压器进行外部检查。电力变压器停电时，应先停负荷侧，后停电源侧；送电时，应先接通电源侧，再依次接通负荷侧。

（2）巡视项目。

① 检查变压器的声响是否正常。正常的声响是均匀的嗡嗡声，若声响较平常沉重，说明变压器过负荷；若声响尖锐，说明电源电压过高。

② 检查油温是否超过允许值。变压器上层油温一般不超过85℃，最高不超过95℃。油温过高，可能是变压器过负荷引起，也可能是由于变压器出现内部故障。

③ 检查油枕及气体继电器的油位和油色，检查各密封处有无渗油和漏油现象。油面过高，可能是冷却装置运行不正常或变压器内部故障等造成的油温过高所引起的；油面过低，可能有渗油现象。变压器油正常应为透明略带浅黄色，若油色变深变暗则说明油质变坏。

④ 检查瓷套管是否清洁，有无破损裂纹和放电痕迹；高低压接头的螺栓是否紧固，有无接触不良和发热现象。

⑤ 检查防爆膜是否完整无损；检查吸湿器是否畅通，硅胶是否已吸湿饱和。

⑥ 检查接地装置是否完好。

⑦ 检查冷却、通风装置是否正常。

⑧ 检查变压器及其周围有无其他影响其安全运行的异物（如易燃、易爆物体等）和异常现象。

在巡视中发现的异常情况，应记入专用记录簿内；重要情况应及时汇报主管部门，请示处理。

三、电工停电安全作业制度

停电作业即指在电气设备或线路不带电的情况下，所进行的电气检修工作。停电作业分为全停电和部分停电作业。前者指室内高压设备全部停电（包括进户线），通至邻接高压室的门全部闭锁，以及室外高压设备全部停电（包括进户线）情况下的作业。后者指高压设备部分停电，或室内全部停电，而通至邻接高压室的门并未全部闭锁情况下的作业。无论全停电还是部分停电作业，为保证人身安全都必须执行停电、验电、装设接地线、悬挂标志牌、装设遮栏等，方可进行停电作业。

1．停电

（1）工作地点必须停电的设备或线路。

① 要检修的电气设备或线路必须停电。

② 在电气工作人员进行工作中，正常活动范围与带电设备的安全距离如表8-16所示。

表 8-16　工作人员正常工作中活动范围与带电设备的安全距离

电压等级（kV）	安全距离（m）
10 及以下	0.35
20～35	0.60
44	0.90
60～110	1.50

③ 在 44kV 以下的设备上进行工作时，设备不停电时的安全距离如表 8-17 所示。

表 8-17　设备不停电时的安全距离

电压等级（kV）	安全距离（m）
10 及以下	0.7
20～30	1.0
44	1.2
60～110	1.5

④ 带电部分在工作人员后面或两侧无可靠安全措施的设备，为防止工作人员触及带电部分，必须将它停电。

⑤ 对与停电作业的线路平行、交叉或同杆的有电线路，有危及停电作业的安全，而又不能采取安全措施时，必须将平行、交叉或同杆的有电线路停电。

（2）停电的安全要求。

① 对停电作业的电气设备或线路，必须把各方面的电源均完全断开。

a．对与停电设备或线路有电气连接的变压器、电压互感器，应从高、低压两侧将开关、刀闸全部断开（对柱上变压器，应取下跌落式熔断器的熔丝管），以防止向停电设备或线路反送电。

b．对与停电设备有电气连接的其他任何运用中的星形接线设备的中性点必须断开，以防止中性点位移电压加到停电作业的设备上而危及人身安全。这是因为在中性点不接地系统不仅在发生单相接地时中性点有位移电压，就是在正常运行时，由于导线排列不对称也会引起中性点位移。例如 35～60kV 线路其位移电压可达 1 000V 左右。这样高的电压若加到被检修的设备上是极其危险的。

② 断开电源不仅要拉开开关，而且还要拉开刀闸，使每个电源至检修设备或线路至少有一个明显的断开点。这样，安全的可靠性才有保证。如果只是拉开开关，当开关机构有故障、位置指示失灵的情况下，开关完全可能没有全部断开（触头实际位置看不见）。结果，由于没有把刀闸拉开会使检修的设备或线路带电。因此，严禁在只经开关断开电源的设备或线路上工作。

③ 为了防止已断开的开关被误合闸，应取下开关控制回路的操作直流保险器或者关闭气、油阀门等。

④ 对一经合闸就可能有送电到停电设备或线路的刀闸的操作把手必须锁住。

2．验电

对已经停电的设备或线路还必须验明确无电压并放电后，方可装设接地线。验电的安全要求有以下几点。

（1）验电前应将电压等级合适的且合格的验电器在有电的设备上试验，证明验电器指示正确，然后在检修的设备进出线两侧各相分别验电。

（2）对 35kV 及以上的电气设备验电，可使用绝缘棒代替验电器。根据绝缘棒工作触头的金属部分有无火花和放电的噼啪声来判断有无电压。

（3）线路验电应逐相进行。同杆架设的多层电力线路在验电时应先验低压，后验高压；先验下层，后验上层。

（4）在判断设备是否带电时，不能仅用表示设备断开和允许进入间隔的信号以及经常接入的电压表的指示为无电压的依据；但如果指示有电则应为带电，禁止在其上工作。

3．装设接地线

当验明设备确无电压并放电后，应立即将设备接地并三相短路。这是保护工作人员在停电设备上工作，防止突然来电而发生触电事故的可靠措施；同时接地线还可使停电部分的剩余静电荷放入大地。

（1）装设接地线的部位。

① 对可能送电或倒送电至停电部分的各方面，以及可能产生感应电压的停电设备或线路均要装设接地线。

② 检修 10m 以下的母线，可装设一组接地线，检修 10m 以上的母线，视具体情况适当增设。在用刀闸或开关分成几段的母线或设备上检修时，各段应分别验电、装设接地线。降压变电所全部停电时，只须将各个可能来电侧的部分装设接地线，其余分段母线不必装设接地线。

③ 在室内配电装置的金属构架上应有规定的接地地点。这些地点的油漆应刮去，以保证导电良好，并画上黑色“⏚”记号。所有配电装置的适当地点，均应设有接地网的接头，接地电阻必须合格。

（2）装设接地线的安全要求。

① 装设接地线必须由两人进行，若是单人值班，只允许使用接地刀闸接地或使用绝缘棒拉合接地刀闸。

② 所装设的接地线考虑其可能最大摆动点与带电部分的距离如表 8-18 所示。

表 8-18　　接地线与带电设备的允许安全距离

电压等级（kV）	户内/户外	允许安全距离（cm）
1～3	户内	7.5
6	户内	10
10	户内	12.5
20	户内	18
35	户内	29
	户外	40
60	户内	46
	户外	60

③ 装设接地线必须先接接地端，后接导体端，必须接触良好；拆除时顺序与此相反。装拆接地线均应使用绝缘棒和绝缘手套。

④ 接地线与检修设备之间不得连有开关或保险器。

⑤ 严禁使用不合格的接地线或用其他导线做接地线和短路线，应当使用多股软裸铜线，其截面应符合短路电流要求，但不得小于25mm^2；接地线须用专用线夹固定在导体上，严禁用缠绕的方法接地或短路。

⑥ 带有电容的设备或电缆线路应先放电后再装设接地线，以避免静电危及人身安全。

⑦ 对需要拆除全部或部分接地线才能进行工作的（如测量绝缘电阻，检查开关触头是否同时接触等），要经过值班员（根据调度员命令装设的，须经调度员许可）许可，才能进行工作。工作完毕后应立即恢复接地。

⑧ 每组接地线均应有编号，存放位置也应有编号，两者编号一一对应，即对号入座。

四、电工带电安全作业制度

低压带电作业是指在不停电的低压设备或低压线路（设备或线路的对地电压在250V及以下者为低压）上的工作。与停电作业相比，不仅使供电的不间断性得到保证，同时还具有手续简化、操作方便、组织简单、省工省时等优点，但对作业者来说触电的危险性较大。

对于工作本身不需要停电和没有偶然触及带电部分危险的工作，或作业者使用绝缘辅助安全用具直接接触带电体及在带电设备的外壳上工作均可以进行带电作业。在工企系统中电气工作者的低压带电作业是相当频繁的，为防止触电事故发生，带电作业者必须掌握并认真执行各种情况下带电作业的安全要求和规定。在低压设备上和线路上带电作业安全要求如下。

（1）低压带电工作应设专人监护，即至少有二人作业，其中一人监护，一人操作。采取的安全措施是：使用有绝缘柄的工具，工作时站在干燥的绝缘物上进行，工作者要戴两副线手套、戴安全帽，必须穿长袖衣服工作，严禁使用锉刀、金属尺和带有金属物的毛刷等工具。这样要求的目的：一是防止人体直接触碰带电体，二是防止超长的金属工具同时触碰两根不同相的带电体造成相间短路或同时触碰一根带电体和接地体造成对地短路。

（2）高低压同杆架设，在低压带电线路上工作时，应检查与高压线间的距离，并采取防止误碰高压带电体的措施。

（3）在低压带电裸导线的线路上工作时，工作人员在没有采取绝缘措施的情况下，不得穿越其线路。

（4）上杆前应先分清哪相是低压火线，哪相是中性（零线），并用验电笔测试，判断后，再选好工作位置。在断开导线时，应先断开火线，后断开中性线；在搭接导线时，顺序相反。因为，在三相四线制的低压线路中，各相线与中性线间都接有负荷，若在搭接导线时，先将火线接上，则电压会加到负荷上的一端，并由负荷传递到将要接地的另一端，当作业者再接中性线时，就是第二次带电接线，这就增加了作业的危险次数，故在搭接导线时，先接中性线，后接火线。在断开或接续低压带电线路时，还要注意两手不得同时接触两个线头，这样会使电流通过人体，即电流自手经人体至手的路径通过，这时即使站在绝缘物上也起不到保护作用。

（5）严禁在雷、雨、雪天以及有六级及以上大风时在户外带电作业，也不应在雷电时进行室内带电作业。

（6）在带电的低压配电装置上工作时，应采取防止相间短路和单相接地的绝缘隔离措施，也应防止人体同时触及两根带电体或一根带电体与一根接地体。

（7）在潮湿和潮气过大的室内，禁止带电作业；工作位置过于狭窄时，禁止带电作业。

五、电气值班制度

为保证电气设备及线路的可靠运行，除在设备和线路回路上装设继电保护和自动装置以实现对其保护和自动控制之外，还必须由人工进行工作。为此，在变电所（发电厂）要设置值班员。值班员的主要任务是：对电气设备和线路进行操作、控制、监视、检查、维护和记录系统的运行情况，及时发现设备和线路的异常或缺陷，并迅速、正确地进行处理。尽最大努力来防止由于缺陷扩大而发展为事故。

1．变电所、配电所规章制度和值班要求

变电所、配电所规章制度和值班要求，如表 8-19 所示。

表 8-19　　变电所、配电所规章制度和值班要求

变电所、配电所规章制度	值 班 要 求
工厂变电所、配电所的值班制度，有轮班制、在家值班制和无人值班制等。从发展方向来说，工厂变电所、配电所要向自动化和无人值班的方向发展。当前，工厂变电所、配电所仍采取以三班轮换的值班制度为主，值班员则分成三组或四组，轮流值班。一些小企业的变电所、配电所及大中型厂的一些车间变电所，则往往采用无人值班制，仅由工厂的维修电工或总变电所、配电所的值班电工每天定期巡视检查。有高压设备的变电所、配电所，为保证安全，一般应两人值班。变电所、配电所应建立必要的规章制度，主要有： （1）电气安全工作规程（包括安全用具管理） （2）电气运行操作规程（包括停、限电操作程序） （3）电气事故处理规程 （4）电气设备维护检修制度 （5）岗位责任制度 （6）电气设备巡视检查制度 （7）电气设备缺陷管理制度 （8）调荷节电管理制度 （9）运行交接班制度 （10）安全保卫及消防制度	（1）遵守变电所、配电所值班工作制度，坚守工作岗位，做好变电所、配电所的安全保卫工作，确保变电所、配电所的安全运行。 （2）积极钻研本职工作，认真学习和贯彻有关规程。熟悉变电所、配电所的一、二次系统的接线以及设备的安装位置、结构性能、操作要求和维护保养方法等；掌握安全用具和消防器材的使用方法及触电急救法；了解变电所、配电所现在的运行方式、负荷情况及负荷调整、电压调节等措施。 （3）监视所内各种设备的运行情况，定期巡视检查，按规定抄报各种运行数据，记录运行日志。发现设备缺陷和运行不正常时，及时处理，并做好有关记录，以备查考。 （4）按上级调度命令进行操作，发生事故时进行紧急处理，并做好有关记录，以备查考。 （5）保管所内各种资料图表、工具仪器和消防器材等，注意保持所内设备和环境的清洁卫生。 （6）按规定进行交接班。在处理事故时，一般不得交接班。接班的值班员可在当班人员的要求下，协助处理事故。如事故一时难以处理完毕，在征得接班的值班员同意或上级同意后方可进行交接班

2．值班员的岗位责任及交接班制度

值班员的岗位责任及交接班制度如表 8-20 所示。

表 8-20　　值班员的岗位责任及交接班制度

岗 位 责 任	交接班制度
（1）在值班长的领导下坚守岗位、集中精神，认真做好各种表计、信号和自动装置的监视，准备处理可能发生的任何异常现象。 （2）按时巡视设备，做好记录；发现缺陷及时向值班长报告；按时抄表并计算有功、无功电量，保证正确无误。	（1）接班人员按规定的时间倒班。未履行交接手续，交班人员不准离岗。 （2）禁止在事故处理或倒闸操作中交接班。交班时若发生事故，未办理手续前仍由交班人员处理，接班人员在交班值班长领导下协助其工作。一般情况下，在交班前

续表

岗位责任	交接班制度
(3) 按照调度指令正确填写倒闸操作票，并迅速正确地执行操作任务。发生事故时要果断、迅速、正确地处理。 (4) 负责填写各种记录，保管工具、仪表、器材、钥匙和备品，并按时移交。 (5) 做好操作回路的熔丝检查、事故照明、信号系统的试验及设备维护。搞好环境卫生，进行文明生产	30min 应停止正常操作。 (3) 交接班时必须严肃认真，要做到"交得细致，接得明白"，在交接过程中应有人监察。 (4) 交班时由交班值班长向接班值班长及全体值班员做全面交代，接班人员要进行重点检查。 (5) 交接班后，双方值班长应在运行记录簿上签字，并与系统调度通电话，互通姓名、核对时间

注：交接班内容包括：①运行方式；②保护和自动装置运行及变化情况；③设备缺陷及异常情况，事故处理情况；④倒闸操作及未完成的操作指令；⑤设备检修、试验情况，安全措施的布置，地线组数、编号及位置和使用中的工作票（工作票参见附录 C）情况；⑥仪器、工具、材料、备件和消防器材等完备情况；⑦领导指示与运行有关的其他事项。

根据教学需要，请同学们上网查阅相关值班人员应具备的条件，并在课堂上或课余时间与同学进行交流。

拓展 1　万用表的使用

利用万用表测电压、电流和电阻的具体操作步骤如下。

1．测量电压（交直流电压）

分别将转换开关旋到交流电压或直流电压挡范围内的适当量程上进行测量。如果测量 220V 交流电压，先将转换开关旋到交流电压挡 0～250V 范围的量程上，然后，把红色和黑色两根表笔的另一端分别插入被测插孔内，表针即指向 220V 处。如果被测量的是直流电压，则应把转换开关旋到直流电压挡上，并要搞清直流电的"+"和"−"方向，以防表笔的方向与直流电方向相反，而将表针打坏。具体操作步骤如下。

① 选择量程。选择适当量程（万用表直流电压挡标有"V"，有 2.5V、10V、50V、250V 和 500V 等不同量程）。若不知电压大小，应先用最高电压挡测量，逐渐换至适当电压挡。

② 测量方法。将万用表并联在被测电路的两端。红表笔接被测电路的正极，黑表笔接被测电路的负极，如图 8-5 所示。

③ 正确读数。仔细观察标度盘，找到对应的刻度线读出被测电压值。注意读数时，视线应正对指针。

2．测量直流电流

先将转换开关旋到 mA 挡范围内的适当量程上，按电流从正到负的方向，将表笔串联在被测电路中，表笔方向不能接错，否则，会使表针急速反转而受损坏。特别要注意，当被测量的直流电流值很小时，如数毫安或数百毫安，要防止转换开关旋到此挡后将两表笔直接并联到电源上，因为这样会造成表内动圈的烧毁。具体操作步骤如下。

① 选择量程。万用表电流挡标有“mA”，有1mA、10mA、100mA、500mA等不同量程。应根据被测电流的大小，选择适当量程。若不知电流大小，应先用最大电流挡测量，逐渐换至适当电流挡。

② 测量方法。将万用表与被测电路串联。应将电路相应部分断开后，将万用表表笔接在断点的两端。如是直流电流，红表笔接在与电路的正极相连的断点，黑表笔接在与电路的负极相连的断点，如图8-6所示。

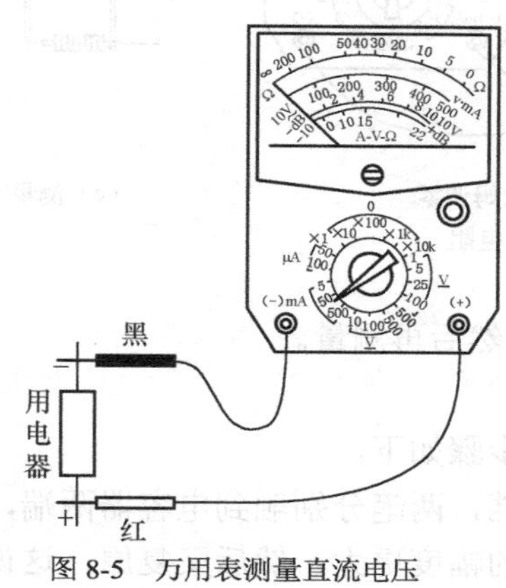

图8-5　万用表测量直流电压

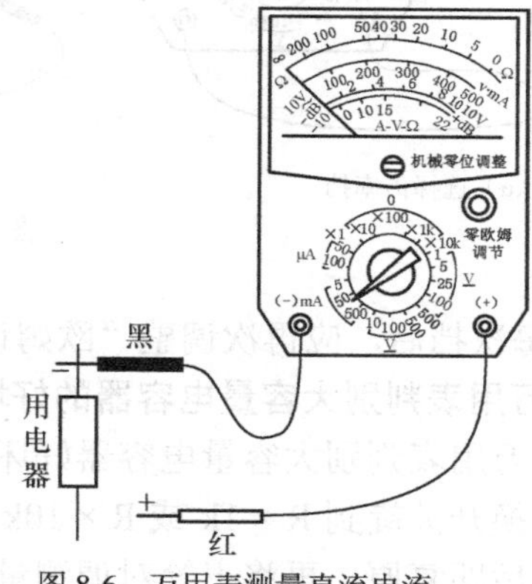

图8-6　万用表测量直流电流

③ 正确读数。仔细观察标度盘，找到对应的刻度线读出被测电压值。注意读数时，视线应正对指针。

3．测量电阻

在使用万用表前，应看表针是否指在零位。如不在零位，可旋动表盖上的校正旋钮，使指针对准零位（见图8-7），再把红色和黑色两根表笔分别插到“+”和“−”的插孔内。

把转换开关旋到“Ω”挡范围内的适当量程上，先将两支表笔短接，旋动“Ω调零电位器”，使表针指在电阻刻度的零Ω上，然后，把被测的电阻接在两支表笔间，此时，指针指出的Ω数值乘上转换开关上的倍率数，即为被测电阻值。具体操作步骤如下。

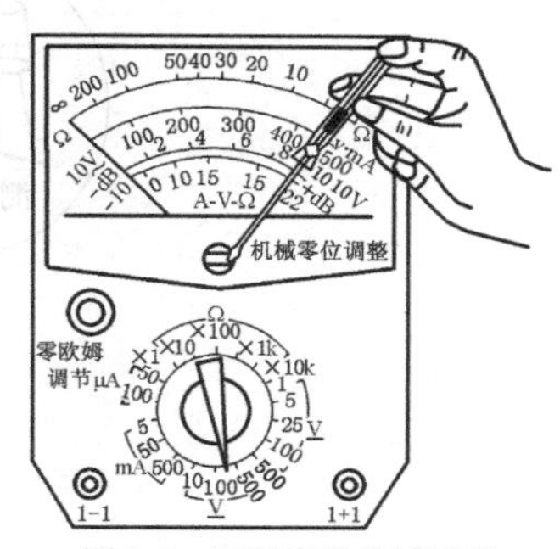

图8-7　万用表的机械调零

① 选择量程。万用表电阻挡标有“Ω”，应根据被测电阻的大小把量程选择开关拨到适当挡位（有R×1、×10、×100、×1k、×10k等不同量程）上，使指针尽可能做到在中心附近，因为这时的误差最小，如图8-8（a）所示。

② 欧姆调零。将红、黑表笔短接，如万用表指针不能满偏（指针不能偏转到刻度线右端的零位），可进行“欧姆调零”，如图8-8（b）所示。

③ 测量方法。将被测电阻同其他元器件或电源脱离，单手持表笔并跨接在电阻两端，如图8-8（c）所示。

④ 正确读数。读数时，应先根据指针所在位置确定最小刻度值，再乘以倍率，即为电阻的实际阻值。如指针指示的数值是18.1Ω，选择的量程为R×100，则测得的电阻值为1 810Ω。

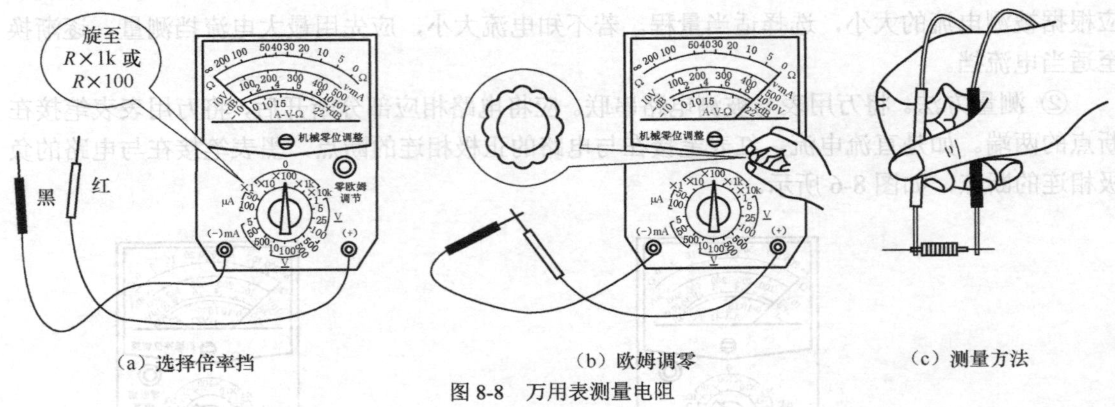

（a）选择倍率挡　　（b）欧姆调零　　（c）测量方法

图 8-8　万用表测量电阻

⑤ 每次挡后，应再次调整“欧姆调零”旋钮，然后再测量。

4．万用表判别大容量电容器的好坏

利用万用表判别大容量电容器好坏的具体操作步骤如下。

把转换开关旋到 R × 1k 或 R × 10k 挡最高量程挡，两笔分别触到电容器两端，指针很快摆动一下后即复原，再将表笔对调测量，指针摆动的幅度更大，然后又复原，这说明电容器是好的，指针摆动越大，电容量越大。若指针摆动后，不能复位而停留在某一数值上，这数值就是此电容器的漏电电阻，说明该电容器不能使用。若指针指在零位，说明电容器已击穿。用 R × 10k 挡测量 0.01μF 以上的电容器时，为防止过大的放电电流将表针打坏，测量前，必须把电容器两极短接放电后再测量，如图 8-9 所示。

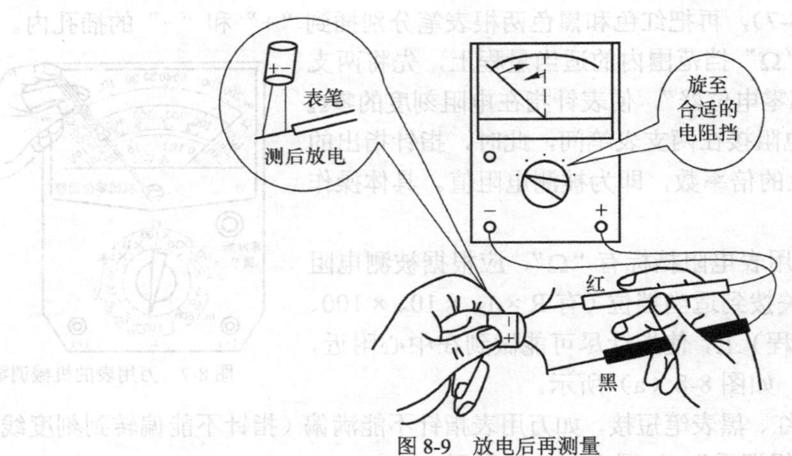

图 8-9　放电后再测量

拓展 2　低压验电器的握持方法

低压验电器又称验电笔，是一种用来测试导线、开关、插座等电器是否带电的工具，一般分钢笔式低压验电器和螺钉旋具式低压验电器两种。

（1）握持方法要正确，如图 8-10 所示，即右手握住验电笔身，食指触及笔身尾部（金属体），验电笔小窗口朝向自己眼睛。

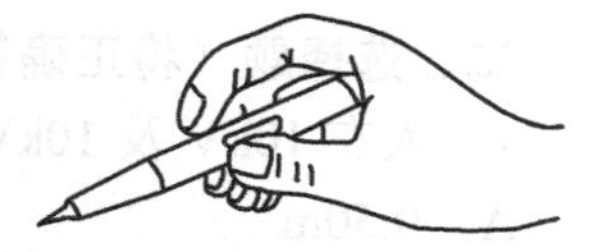

图 8-10　钢笔式验电笔握持方法

（2）握持验电笔的手，千万不可触及测电的金属体，以防发生触电事故。

（3）在光线很亮的地方应用手遮挡光线，以便看清氖泡是否发光。

拓展 3  喷灯的使用

喷灯装油的数量不得超过箱体容积的 3/4；在使用中不得将喷灯放在温度高的物体上；在疏通喷火嘴时，眼睛不能直视喷嘴，防止喷嘴通畅时，汽油喷到眼睛上；工作中喷灯的火焰与带电体要保持一定的距离，10kV 以下，不得小于 1.5m，10kV 以上，不得小于 3m；喷灯加油、放油以及拆卸喷嘴等零件时，必须待火嘴冷却泄压后进行；喷灯用完后，应灭火泄压，待冷却后方可放入工具箱内。

思考与练习

一、填空题

1．电工作业是指在________、________、________、________和________等领域中，从事设备、装置和线路等的安装、运行、检修、试验和维护等电工工作。

2．电工作业人员的职责是运用自己掌握的________，勤奋地工作，防止、避免和减少电气事故的发生，保障电气线路和电气设备的________及________，不断提高供、用电装备水平和安全用电水平。

3．摇表又称为兆欧表，其用途是________。

4．万用表是________的仪表。

5．验电笔又称测电笔，是一种检测________。

6．为了贯彻________的基本方针，从根本上杜绝触电事故的发生，必须在制度上、技术上采取一系列的预防和保护措施，这些措施统称为________。

7．设置屏护和间距是最为常用的电气安全措施之一。屏护和间距可以防止人体与带电部分的直接接触，从而防止________。此外，屏护和间距也可以防止________等电气事故的发生。

8．屏护就是采用遮栏、栅栏、护罩、护盖等防护装置，将________和________隔离开来的安全防护。屏护分有________和________两大类。

9．室内低压配电线路是指 1kV 以下的________和照明配________。

10．安全色又叫颜色标志，用不同的颜色表示不同的意义，其中红色表示________；黄色表示________；蓝色表示________；绿色表示________。

11．安全标志是用以表达安全信息的标志，根据国家有关标准，安全标志由________、________、________等构成。按用途可分为________、________、________、________等类型。

二、选择题（将正确答案的序号填入括号中）

1．人在 10kV 及 10kV 以下带电线路杆上工作时与带电导线的最小安全距离是（　　）。

A．0.50m　　B．0.60m　　C．0.70m

2．人在 20～35kV 带电线路杆上工作时与带电导线的最小安全距离是（　　）。

A．1.0m　　B．1.5m　　C．2.0m

3．人在 10kV 及 10kV 以上带电线路杆上工作时与带电导线的最小安全距离是（　　）。

A．1.0m　　B．1.5m　　C．2.0m

4．某安全色标的含义是禁止、停止、防火，其颜色为（　　）。

A．红色　　B．黄色　　C．绿色　　D．黑色

5．用做保护接地或保护接零的导线的颜色是（　　）。

A．红色　　B．蓝色　　C．绿/黄色　　D．黑色

6．用于表示当心触电的安全标志是（　　）。

A.　　B.　　C.

7．用于表示必须戴防护手套的安全标志是（　　）。

A.　　B.　　C.

三、简答题

1．电气工作人员应具备哪些条件？

2．电工作业人员有哪些工作职责？

3．填写下列表中各标示牌的表示含义。

图　形				
标 示 含 义				
图　形				

续表

标示含义				
图形				
标示含义				

模块九　电气安全检测技术

实验室里放着各种仪器，有兆欧表、接地电阻测量仪、钳形电流表、可燃气体浓度测爆仪、温度计和静电的综合测量装置等，它们可是电气安全检测工作中的眼睛。没有它们的介入，就不能精确地检测电气设备的特性与问题所在。因此，只有熟悉和掌握这些仪器设备，才能避免电气事故，保证电气安全。

通过本模块的学习，了解测试电气绝缘性能、接地电阻、电流、可燃气体浓度、温度和静电等性能设备的目的意义，熟悉测试电气绝缘性能、接地电阻、电流、可燃气体浓度、温度和静电所用的仪器装置，并正确使用兆欧表和钳形电流表。

知识目标

- ◉ 了解测试电气绝缘、电流、温度和静电等性能设备的目的
- ◉ 熟悉一些预防性测试仪器或装置

技能目标

- ◉ 掌握兆欧表、钳形电流表使用方法
- ◉ 能借助产品说明书使用接地电阻测量仪、可燃气体浓度测爆仪和静电的综合测量装置

情景模拟

小任爸爸企业的生产设备发生安全故障，这可急坏了爸爸……得知信息的小任和同学带上了安全检测工具来到了爸爸的企业。问明了情况后的小任和同学，打开工具包，测量几个地方后，更换上新的电器和部分导线后，设备又安全欢快地工作了。

同学们，你知道这是怎么回事吗？让我们一起来学习有关电工仪表的知识和技能吧！

知识一　测试绝缘性能

一、绝缘检测的目的

电气绝缘性能测试，属于预防性试验，其目的在于发现电气设施绝缘缺陷，配合检修等加以整改消除，以免运行中的电气设备在工作电压特别是在过电压作用下损坏，造成严重的漏电和短路，甚至引起火灾事故。

电气防火检查中经常要考虑和检测绝缘的电气设施有：交流电动机、电力变压器、电力电缆、互感器、避雷器、绝缘子、油开关、空气开关、二次回路低压套管及 1kV 以下配电装置等。

电气防火绝缘检测的内容主要是电气设施绝缘部位的绝缘电阻情况，通过测量绝缘电阻大小与电气设施正常情况时绝缘电阻情况进行比较，判断绝缘损坏程度，决定设备能否继续运行。

二、兆欧表及其使用方法

1．兆欧表的工作原理

兆欧表又叫绝缘摇表，是测量绝缘电阻值的常用仪表。它是由直流手摇发电机和流比计组成的，其接线原理如图 9-1 所示。

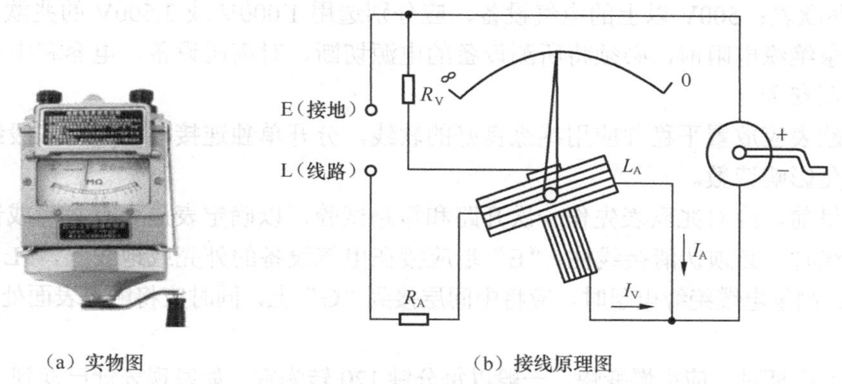

（a）实物图　　（b）接线原理图

图 9-1　兆欧表电路原理图

流比计中电压线圈 L_V 及电流线圈 L_A 处于不均匀磁场中，因此线圈所受的力既与通过线圈电流大小有关，还与线圈处于磁场中的位置有关。通过电流的两个线圈产生相反的力矩，在此力矩作用下，线圈带动指针转动，转到力矩平衡为止。因此指针的偏转角仅与两个并联电路中电路比值（$\frac{I_A}{I_V}$）有关，但只有流经电流线圈 L_A 的电流与外电路电流，也就是要测量的绝缘电阻有关，所以偏转角角度的大小就反映了被测绝缘电阻的大小。

当L、E两个接线柱开路时，虽摇动手柄，发电机有电压输出，但电流线圈L_A中没有电流，只有电压线圈L_V中有电流流过，这时指针就逆时针偏转到最大位置，指示出L、E间电阻为无穷大。

当L、E短接时，L_A、L_V两个并联支路都参加工作，流经电流线圈L_A的电流达到最大，指针就顺时针偏转到最大位置，指出E、L间的电阻为零。当外接被测绝缘电阻R_X在0～∞间任何值时，如R_X越小，流经线圈L_A的电流越大，越向顺时针方向偏转，因此指针偏转所示位置就反映了R_X的大小（摇表不使用时，指针可停留在任何位置）。

因为绝缘电阻是表面电阻与体积电阻的并联值，为了消除表面泄漏电流的影响，即消除表面电阻，测试时常使用屏蔽端子G，使泄漏电流直接流回发电机，而不经电流线圈，这样摇表指示的就是真实的体积电阻值，如图9-2所示。

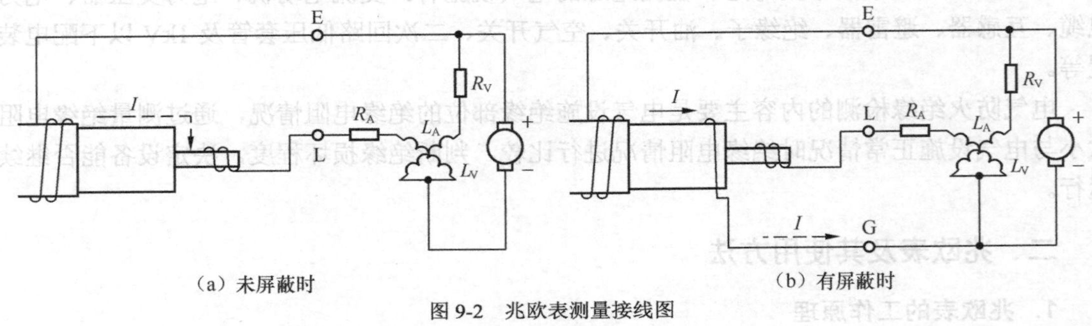

（a）未屏蔽时　　（b）有屏蔽时

图9-2　兆欧表测量接线图

2．测量绝缘电阻的方法及注意事项

（1）按电气设备的电压等级正确选择兆欧表的规格，电压在500V以下的电气设备，可选用500V兆欧表；500V以上的电气设备，应分别选用1 000V或2 500V的兆欧表。

（2）测量绝缘电阻前，必须将所测设备的电源切断，对高压设备，电容和电感还要短接放电，以保证安全。

（3）兆欧表应放置平稳并应用绝缘良好的软线，分开单独连接，不得用双股绝缘绞线或平行线，以免影响读数。

（4）测量前，应对兆欧表先作一次开路和短路试验，以确定表是否有故障或误差。

（5）接线时，必须认清接线柱。“E”端应接在电气设备的外壳或地线上，“L”端应接在被测导线上。测量电缆绝缘电阻时，应将中间层接到“G”上，同时应将触点表面处理清洁，以免影响效果。

（6）摇动手柄时，应由慢变快，一般以每分钟120转为宜，如发现表针已摆到“0”位时，即应停止摇动手柄，以防线圈损坏。

（7）兆欧表在不使用时，应置于固定的橱内，周围温度不宜太冷或太热，切忌放于污秽、潮湿的地面上以及含腐蚀气体（如酸碱蒸气等）场所，以免兆欧表内部线圈、导流片等零件发生受潮、生锈腐蚀等现象。并应尽量避免长期剧烈震动，以防止表头、轴尖变秃或宝石轴承破裂。

（8）在有雷电时，或邻近有高压带电体的设备上，均不得用兆欧表进行测量。

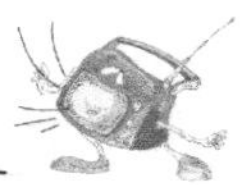

请同学们上网查阅目前市场的兆欧表规格型号、性能价格、技术参数等内容，并在课堂上或课余时间与同学交流自己获得的新知识。

知识二　测量接地电阻

一、接地电阻测量的目的

接地电阻测量的目的在于检查设备的接地装置是否达到所需的要求，确保人身和设备的安全。

二、接地电阻测量仪及其使用方法

1．接地电阻测量仪的工作原理

接地电阻测量仪也叫做接地摇表，适用于直接测量各种接地装置的接地电阻值，也可测量一般低电阻导体的电阻值和测量土壤电阻率。

接地电阻测量仪一般由手摇发电机、电流互感器、滑线电阻及检流计四部分组成，图 9-3 所示为 ZC-8 型接地电阻测量仪的原理图。

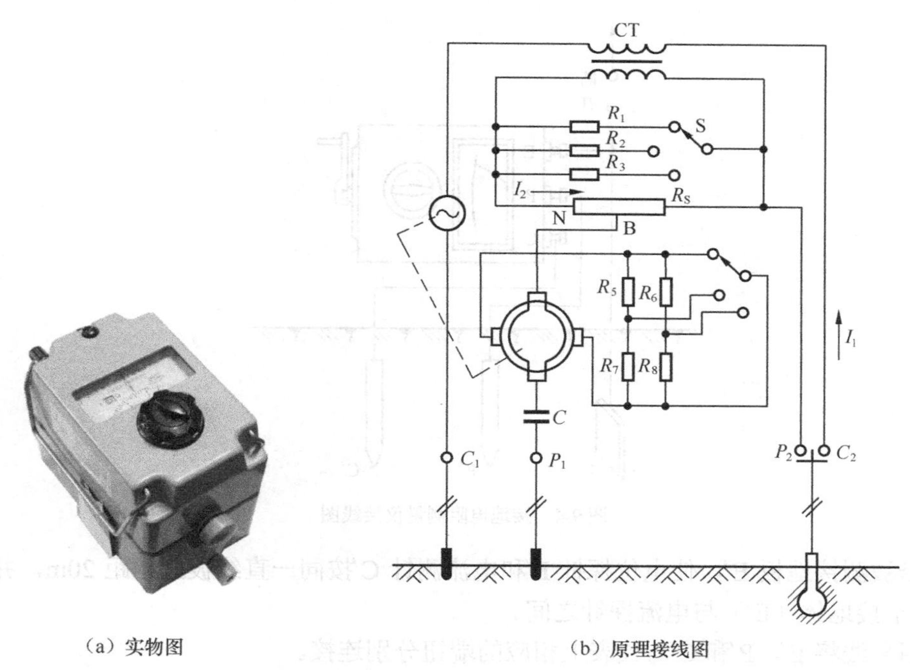

（a）实物图　　（b）原理接线图

图 9-3　接地电阻测量仪

当以 120r/min 的速度转动发电机时，发电机产生约 98 周/秒的交流电流 I_1，经电流互感器 CT 的一次绕组、被测接地体、大地和辅助接地体回到发电机。由电流互感器 CT 的二次绕组所产生的电流 I_2 流经电位器 R_S。当转动发电机检流计指针偏移时，调节电位计 R_S 的触点

B，使检流计的指针仍回到原来的零位。这时，在 C_2 和 P_1 之间的电位差（即被测接地体上的电压降）与电位器 R_s 上的 O、B 两点的电位差是相等的。如果标度盘的满刻度为 10，读数为 N，则可得：

$$I_1T_Z = I_2R_{UB} = I_2R_s\frac{N}{10}$$

$$T_Z = \frac{I_2}{I_1}R_s\frac{N}{10}$$

由上式可得，当 $I_1 = I_2$ 时，就有：

$$T_Z = R_s\frac{N}{10}$$

如果 $I_2 = \frac{I_1}{100}$，则 $r_X = R_s\frac{N}{1\,000}$。

所以利用开关 S 改变 I_1 与 I_2 的比率，可以得到以下量程：

0～1 000Ω；0～100Ω；0～10Ω或

0～100Ω；0～10Ω；0～1Ω。

2．接地电阻测量仪的使用方法及要求

（1）接地电阻测量仪的使用方法。图 9-4 所示为 ZC-8 型接地电阻测量仪的接线图，其具体测量方法如下。

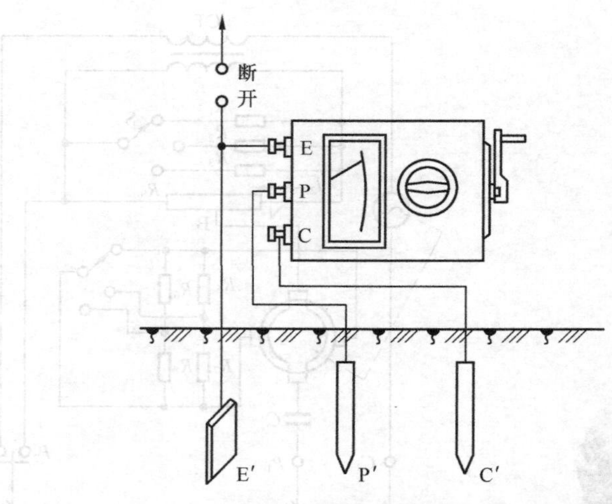

图 9-4　接地电阻测量仪接线图

① 沿被测接地板 E′，使电位探针 P′和电流测针 C′按同一直线彼此相距 20m，并且电位探针应插于接地体（E′）与电流探针之间。

② 用导线将 E′、P′和 C′与仪表上相应的端钮分别连接。

③ 先将仪表置于水平位置，检查检流计的指针是否在中心线上，若不在可用零位调整器将其调整在中心线上。

④ 将“倍率标度”放在最大倍数位置上，慢慢摇动手柄，同时转动“测量标度盘”，使检流计的指针在中心线上。

⑤ 在检流计的指针接近平衡时加速发电机手柄转速，当达到 120r/min 时，同时调整“测量标度盘”，使指针仍指在中心线上。

⑥ 如“测量标度盘”的读数小于 1，应将“倍率标度盘”放在小倍数的位置，再重新调整“测量标度盘”以得到正确的数值。

⑦ 用“测量标度盘”的读数乘以“倍率标度”的倍数，即为所测得的接地电阻值。

（2）测量过程中应注意事项。

① 当检流计的灵敏度过高时，可将电位探测针插入土壤中的深度略减少一些；如检流计灵敏度不够时，则可对电位探测针与电流探测针之间的一段土壤采用注水湿润。

② 当接地极（体）E′与电流探测针 C′之间的距离大于 20m，而电位探针 P′插在偏离 E′、C′直线仅几米时，其测量误差可以不计，但如 E′、C′直线仅几米时，必须将电位探测针 P′正确地插入 E′与 C′所形成的直线的中间位置。

③ 当采用 0～1/10/100Q 规格的挡来测量小于 1Ω的接地电阻时，应将 C_2、P_2 间的连接片打开，再分别另用导线连接在被测接地体上，以消除测量时连接导线本身电阻的附加误差。

请同学们上网查阅目前市场的兆欧表规格型号、性能价格和技术参数等内容，并在课堂上或课余时间与同学交流自己获得的新知识。

知识三　测试电流

一、电流测试的目的

防火检查中进行电流测试的主要目的是检查导线中流过的电流是否超过导线的安全载流量，确定导线的负载程度从而判断是否有过载等不安全因素。

二、钳形电流表及其使用方法

钳形电流表是一种便携式直读电表（见图 9-5），它可以在不切断电路的情况下测交流电流。其主要结构原理是电磁感应。被测导线相当于电流互感器的一次线圈；表内线圈相当于电流互感器的二次线圈，并串联一只安培表。测量时，放置在钳口中的被测导线作为励磁线圈，磁通在铁心中形成回路；电磁式测量机构位于铁心的缺口中间，受磁场的作用而偏转，从安培表上读出导线的电流值。

钳形电流表一般适用于测量 500V 以下的交流网络中的低压母线、变压器二次侧、电动机进线电流或其他电路电流。

使用钳形电流表时，应注意的事项如下。

（1）被测电路的电压不得超过钳形电流表的额定电压，否则易造成接地事故或有触电危险。

（2）测量时，应先用较大量程测试，然后再视被测电流减小量程。但在测量后仍应把调节开关放回最大量程，以免下次再使用时未经选择量程测试而造成仪表损坏。

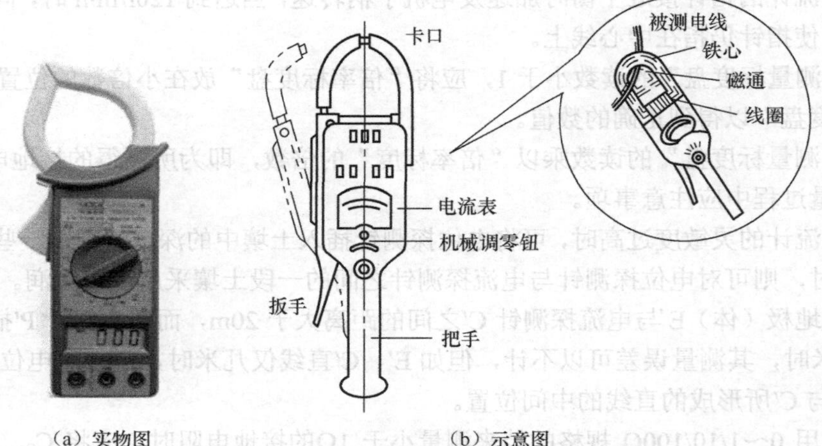

（a）实物图　　（b）示意图

图 9-5　钳形电流表

（3）用钳形电流表测量三相电路电流时，应每相分别测量。如同时将三相导线放入钳口中，则电流表指针为零，如将两相导线放入钳口，表中指针指示的是第三相的电流值。

（4）如导线电流较小，读数看不清楚时，可以把导线多绕几圈放进钳口进行测试，再把测得的读数除以放进钳口内导线的圈数，即为导线中实际通过的电流值。

请同学们上网查阅目前市场的钳形电流表规格型号、性能价格、技术参数等内容，并在课堂上或课余时间与同学交流自己获得的新知识。

知识四  测试可燃气体浓度

一、可燃气体浓度测试的目的

在生产、存储或使用有燃烧、爆炸危险性的气体的场所，经常不可避免地有危险气体的泄漏或存在，当气体的浓度达到一定数值时，遇到火源就可能爆炸燃烧。不同的可燃气体的爆炸下限浓度也不相同，发生爆炸燃烧的危险性也不相同。可燃气体浓度检测的目的，就是及时探测出场所气体的浓度，有准备地把场所可燃气体浓度控制在爆炸下限浓度以下，以防意外的爆炸燃烧或火灾事故。

二、可燃气体浓度测爆仪及测量方法

1. KCB-12 型携带式可燃气体测爆仪结构

该仪器为便携式多种可燃气体及易燃蒸气广谱型检测仪器，主要用于测定空气中可燃气体及易燃气体的含量，以确定场所危险程度，也可对管道、接头、阀门、储罐等处进行检漏测试。携带式可燃气体测爆仪外形如图 9-6 所示。

图 9-6　KCB-12 型携带式可燃气体测爆仪外形

可燃气体测爆仪是根据热效应原理制成的。因为不同的可燃气体在爆炸下限的浓度其氧化反应热量的数值大体相同，所以，仪器的灵敏度标定值，除适用于标定的标准气样外，对其他气体与空气的混合物也大致适用。该仪器由探头、采样棒、膜泵、控制比较系统、检流计及电源部分组成。如图 9-7 所示，探头中装有两只不同性质的电阻（RM_1，RM_2），其中一只有催化作用，而另一只是惰性的。它们分别接入电桥的两个臂上。接通电源后，将催化元件升至工作温度，当燃气进入气室内，便在催化元件上进行无焰燃烧，并放出氧化反应热，使催化元件进一步升温，阻值增大，从而破坏了电桥的平衡，检流计便指示处以爆炸下限为相对刻度的气体浓度来。由于电桥两个臂处在同一个试样条件（压力、温度、湿度）下，所以具有较高的稳定性。

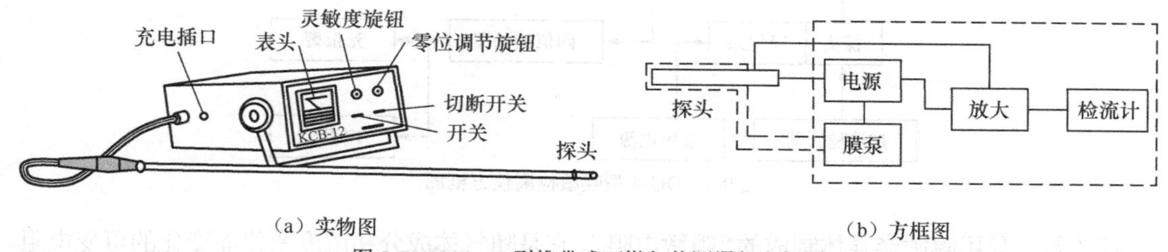

（a）实物图　　（b）方框图

图 9-7　KCB-12 型携带式可燃气体测爆仪方框图

2．KCB-12 型携带式可燃气体测爆仪使用方法

（1）电池电压的检查。将开关处于“ON”（开）位置，即有膜泵振动声，仪器开始工作，再把切换开关移至“1”位置，指针在黑线范围内，则说明电压正常。未达黑线内，说明电压不足，应对电池充电后再检查。

（2）零位调整。将切换开关仍处于“1”位置，待指针稳定不摆动后，转动零位调节钮，使指针在“零”位置上。此项工作必须在新鲜空气的地方进行，以免产生误差。

（3）将采样捧插入配有标准浓度气样的球胆中，表头即有指示读数，待指针稳定后，调整灵敏度调节钮，使指针所指读数与已知的气样浓度相符。如经调整后，仍未能达到已知标准气样浓度时，应更换检测元件。

（4）把采样捧的探头放在需检的场所或部位，表头就有指示，待指针稳定后，便可确定所测场所可燃气体的 $L \cdot E \cdot L\%$值（$L{\bullet}E{\bullet}L\% = \dfrac{场所气体浓度}{爆炸下限气体浓度}$）。检测结束后，应将开关置于“OFF”位置，则电源切断。

（5）注意事项。

① 该仪器是用于检测空气中的可燃气体的。由于可燃气体在仪器气室内燃烧时，须有一定的氧气，因此它不能测量出可燃气体在水蒸气或其他惰性气体中混合物的百分比。

② 仪器内不能长期吸入高浓度的可燃气体。

③ 仪器内的镍镉电池，一般在充电 8h 后，可连续使用 2h，但电池充电应在安全场所进行。

④ 不应将水分吸入仪器内，以免损坏元件和电气线路。

⑤ 平时应将仪器放在干燥通风的地方。

⑥ 仪器应避免冲击与剧烈震动。

3．DG-4 型嗅敏检漏仪及使用方法

DG-4 型嗅敏检漏仪是采用二氧化锡（SnO_2）为主的金属氧化物半导体作为检测元件的便携式气体检漏仪，主要用于城市煤气管道容器、炉灶的检漏，也可用于其他气体的受压容器的气密性检查，但由于该仪器不防爆，在可燃气体浓度高，且通风不良的场所，均不能使用。

（1）DG-4 型嗅敏检漏仪结构。

该嗅敏仪由探头、吸气泵、测量电桥、加热稳压器、泵用电源、阈值控制器、光报警器、声报警器八大部分组成，图 9-8 所示为该仪器组成部分之间的关系框图。

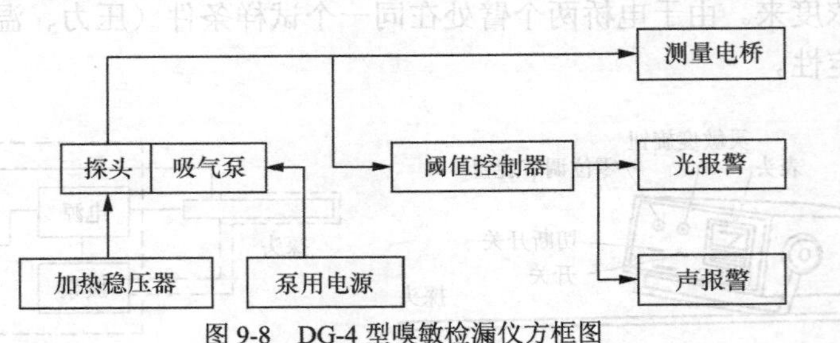

图 9-8　DG-4 型嗅敏检漏仪方框图

探头是一只用嗅敏半导体制成的“嗅敏电阻”。它是随气体成分和浓度变化而变化的可变电阻。

把嗅敏电阻接在电桥的一个臂上，另一臂由粗、细调电位器组成，由电桥送到阈值控制器。

阈值控制器由射极跟踪器、“斯密特”触发器和晶体管电子开关组成。电桥输出信号经射极跟随器和控制电位器输入“斯密特”触发器。调节控制器（即灵敏旋钮）使输入电压达到额定值时，该电路反转；反转信号使电子开关导通，电源经电子开关加至报警电路。输入电压低于额定值时，电路复原。

报警电路分声报警和光报警两部分。声报警由多谐振荡器产生，光报警由一个自激间隙振荡器产生高压来点燃氖泡形成闪光报警信号。

加热稳压器主要用于对嗅敏电阻元件进行恒定加热。

为了提高该仪器在流动气体的环境中测试的稳定性，附设了一个由多谐振荡器驱动的电磁吸气泵。嗅敏电阻置于泵内，由吸气泵吸入的被测气体与嗅敏电阻接触，以达到测试目的，在一定程度上避免了周围气体流动所引起的干扰。

（2）使用方法。

① 操作准备。

a．打开电源开关，将转换开关拨在“电压”挡，查看表头第一条标度，检查电压是否正常。正常值应为 9V（仪器内用 6 节一号电池为电源），如低于 7.2V 应更换电池。

b．将探头手柄连接线的四芯插头牢固地插在仪器的插座上，并保证探头与仪器接触良好。

c．按照所测气体的特性，将转换开关拨在“电流”挡，并旋动“电源调节”，选择最佳的加热电流值。

d．使用前应调节“灵敏度”旋钮，开、关报警电路，检查仪器各部件；打开吸气泵，是否发出“嗡”声，有“嗡”声说明探头正常。

② 检漏步骤。

a．把“转换开关”拨到“测量”挡调节。调节“平衡粗调”并用“平衡细调”旋钮配合调节，把电表指针调整在“0”刻度。

b. 按顺时针方向调节“灵敏度”旋钮，使仪器发出报警信号；再将该旋钮逆时针调节至仪器刚刚停止报警。这样，在下一步检漏时，表针一超过“0”刻度，即开始报警。也可将它调节到“0”刻度时并不报警，而达到某一程度才能报警。

具体调整方法：可将待测气体稀释到所需的浓度时盛于容器内，模拟漏出的气体。在已调整好的“零”点和其他有关旋钮时，将探头放入该容器中，这时仪表即指示，待指针不再上升后，缓缓调整旋钮，直至刚听到报警声为止；再把探头取出，当测到的气体浓度与所配标准气样相同时，仪器即可报警；而在气体浓度低于标准气样时，则并不报警。

请同学们上网查阅目前市场的可燃气体测爆仪规格型号、性能价格、技术参数等内容，并在课堂上或课余时间与同学交流自己获得的新知识。

知识五　测试温度

一、温度测试的目的

电气设备中的电能损耗，绝大部分转换为热量，所产生的热量，一部分散发至周围的介质中去，其余部分实际上加热了电气设备自身，再加上机械摩擦等其他发热因素，都使设备的温度升高。

由于各种电气设备所使用的材料不同，对设备所达到的温度值有一定的限制，规定了最高允许温度，特别是绝缘材料，对温度的限制要求更加严格。

电气防火中温度测试的目的，就是检查运行中的电气设备的温度是否超过最高允许温度，并分析超过最高允许温度的原因，及时采取防护措施，保证设备的安全使用寿命和可靠运行。

二、温度计及其使用方法

温度测量仪器仪表种类很多，有酒精温度计、水银温度计、压力温度计、半导体温度计等（见图 9-9），其中半导体温度计由于携带方便、操作简单、测量范围较大、精确度较高，因此是电气防火检查中最常使用的温度测试仪表。

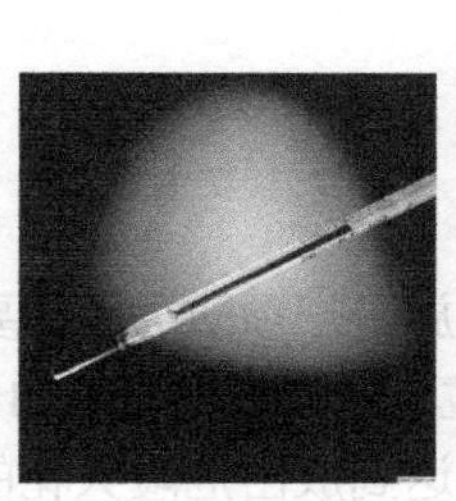

（a）酒精温度计

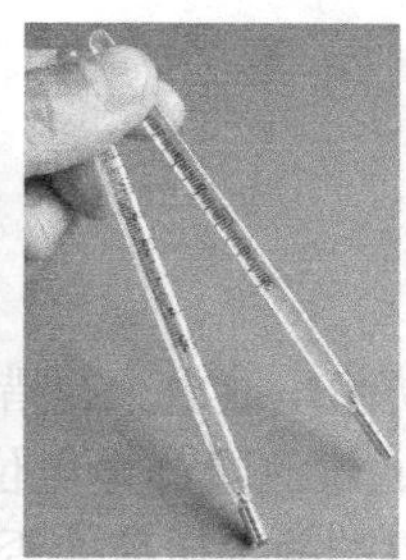

（b）水银温度计

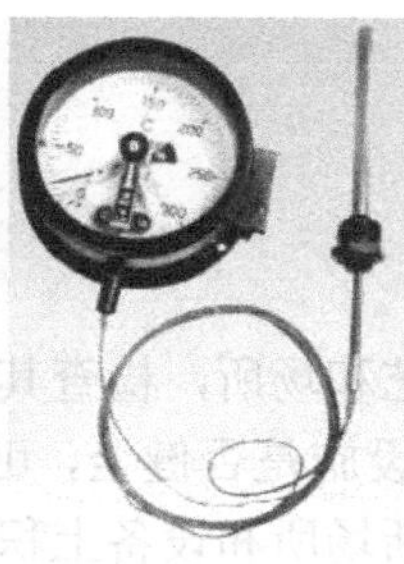

（c）压力温度计

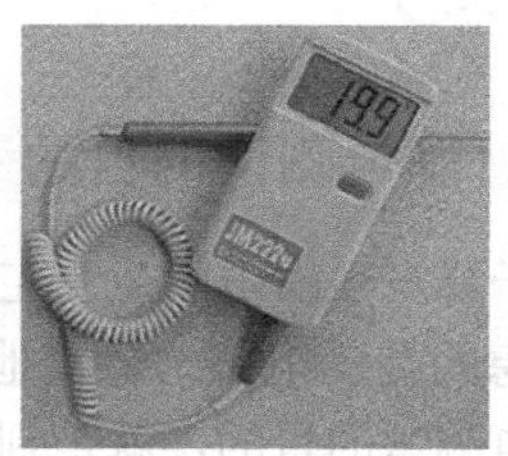

（d）半导体温度计

图 9-9　各种测温用温度计

1．715I 型半导体温度计的结构原理

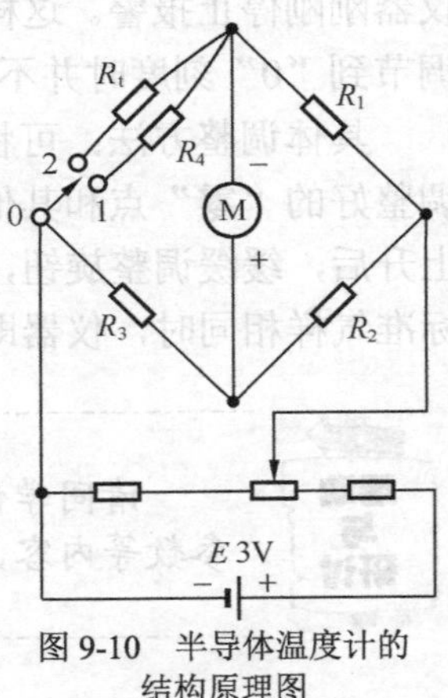

图 9-10　半导体温度计的结构原理图

图 9-10 所示为半导体温度计的结构原理图，其中 R_1、R_2、R_3、R_4（R_t）构成了桥式电路。R_t 为热敏电阻感温元件，R_3 为起点温度阻值，$R_1 = R_2$ 为电桥平衡电阻，R_4 为满刻度阻值。当 R_t 随温度变化而阻值改变时，破坏了电桥平衡，其温度变化的大小，通过 R_t 在表头中反映出来，达到测温的目的。

2．715I 型半导体温度计的使用方法及注意事项

（1）使用时把仪器放平，使用前开关应打在“关”的位置，调整电表面盖上的调整器，使其刻线与指针重合。

（2）调整满刻度，将右面开关转到“满”处，用“细调”电位器调整电压，使指针与满刻度线重合（一个量程）。若采用多量程仪器，首先确定测量范围，然后确定左面开关量程数，再将右面开关转向“满”的位置，调整满刻度。

（3）将感温元件良好地接触被测位置，然后将右面开关由“满”转向“测”，电表指针迅速移动，待稳定，即是被测部位的温度指示值。

（4）测温结束后，将右面开关由“测”转到“关”，切断电源，避免由于温度低于最低刻线而引起电表过载影响精度，并延长电池使用期。

（5）仪表的维护及检修应注意下述几点。

a．半导体热敏电阻感温元件（外露式）采用玻璃封结，在测温和保管中应防止与较硬物体接触，以免损坏元件。

b．当调整满刻度而电压不够时，应调换电池，并注意正负极。

c．由于每台半导体温度计的感温元件不同，因此不能随意相互调换使用。

d．715I 型半导体温度计不宜在大电流、高电压、强磁场下使用，不宜长期安置在有腐蚀性气体及饱和湿度的条件下使用，以免损坏仪器及发生其他危险。

请同学们上网查阅目前市场的温度测试装置规格型号、性能价格、适用场所、技术参数等内容，并在课堂上或课余时间与同学交流自己获得的新知识。

知识六  测试静电

一、静电测试的目的

对于易产生静电的生产工艺和场所，检查其防静电放电火花措施是一项防火的主要内容，一般考虑的是静电接地等其他设施是否健全，可通过测量静电电位、电流、电容等加以验证。

静电测试的目的，就是判断场所和设备上积累的静电电荷能否达到放出危险火花的程度，以便及时采取措施加以防护。

静电测试的特点和要求如下。

（1）静电电流很小，一般只有微安级甚至微微安级，因此要求测量仪表输入阻抗很高。

（2）静电电压高达数千伏甚至数万伏，因此所用仪表要适宜于高电压的测量。

（3）高绝缘材料往往更容易产生静电，因此需要能用于高绝缘测量的仪器仪表。

（4）测量时，应使整个测量系统的绝缘保持在较高水平，防止静电接地。

（5）导体上的静电宜用接触式仪表测量；绝缘体固体、液体和粉体上的静电可用非接触式仪表或间接的方法测量。

二、静电测试方法

1. 气体静电的测量

一般测量气体的电位（U）、泄漏电流（I）、静电电容（C），从而计算出电荷量（$Q=CU$），并估算出放电火花能量（$E=\frac{1}{2}CU^2$）。

气体静电的综合测量装置如图 9-11 所示，开启阀门，使高压气瓶内的气体流经管道，从喷嘴高速喷出，就可分别测量其电位、泄漏电流、静电电容，具体方法如下。

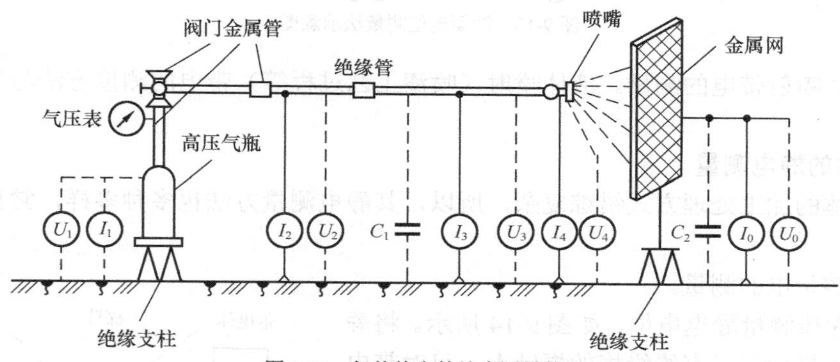

图 9-11 气体静电的综合测量装置

（1）静电电位测量。可以用接触式静电电压表接于金属网或金属管壁，直接读数；也可以利用感应式非接触静电测试仪测量，如图 9-11 中虚线所示。

（2）静电泄漏电流测量。由于静电电流极小，需用微电流计。如图 9-11 中分别测得 I_1～I_4，则气体喷出在空气间由金属网收集的静电电流 $I_0=-(I_1+I_2+I_3+I_4)$。

（3）静电电容测量。如图 9-11 中虚线所示。用 VC 静电测量仪所加的电容测量线路，方便地测得管道系统的对地电容 C_1 和收集金属网的对地电容 C_2。

2. 液体的静电测量

（1）测管壁法。液体在管道中流动与管道壁摩擦产生静电。液体与管壁的静电荷极性相反，数量相等，故只需测得管壁的电量就可知道液体中所带电荷的多少。图 9-12 所示为试管壁法示意图，由于管壁不接地，测量中有可能发生放电火花，周围有可燃气体时，不宜用此法。

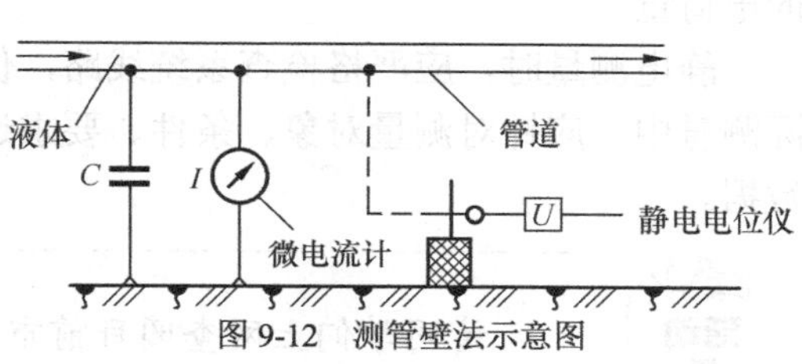

图 9-12 测管壁法示意图

（2）油面电位测量法。图 9-13 所示为油罐车油面电位测量示意图，空心铜球系于一根绝缘的固定绳子末端，使其浮于油面（为了不使铜球漂移，还可在铜球下用绝缘绳悬重锤），油面的静电电位便通过空心球，经导线引至电极板，并在静电电位仪上直接读出。

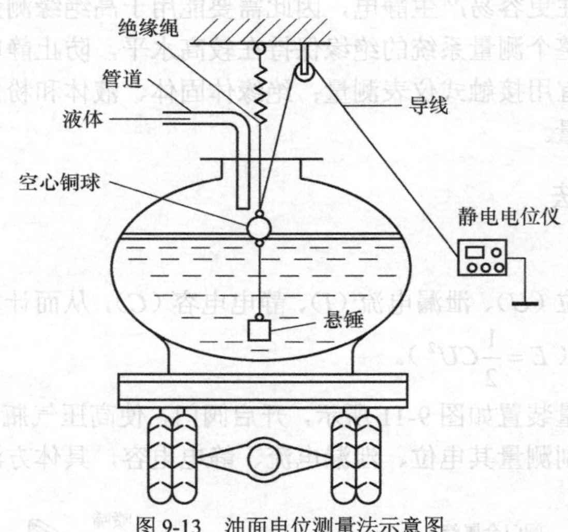

图 9-13　油面电位测量法示意图

（3）液体喷射带电的测量。液体喷射（喷漆工艺过程等）带电的测量方法与气体喷射情况相同。

3．固体的静电测量

由于固体的加工处理方式错综复杂，所以，其静电测量方法也多种多样，常见的两种方法如下。

（1）摩擦带电的测量。

可采用探捧测量静电电位，如图 9-14 所示。将静电电位仪的电极板接于有绝缘棒的探针上，可对带电体的任何部位进行测量。此法常用于测量动态带电体。

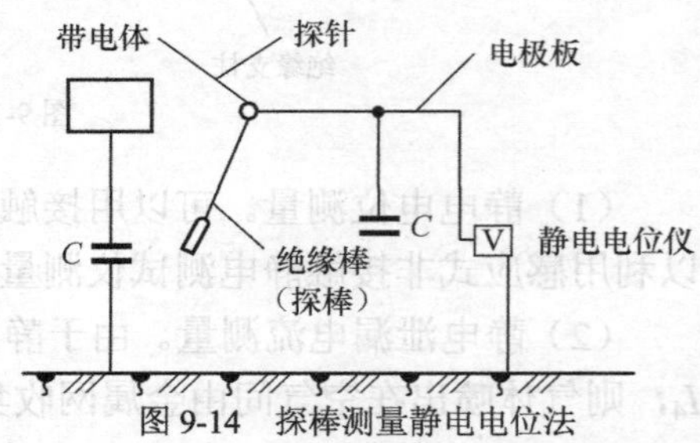

图 9-14　探棒测量静电电位法

（2）接触剥离带电的静电测量。

塑料、橡胶等制品生产加工中经常遇到接触分离、压制剥离而引起带电的现象。当压制件或半成品从底板或辊筒上取下时的瞬间，静电电压很高。可在底板上（或辊筒相连部位）接出导线，用静电电位仪加以测量。测量时，必须使底板对地绝缘，在引出线上并联对地电容和微电流计，根据静电电位仪和微电流计的读数即可估算出剥离时的电荷量。

静电测量时，应严格检查系统线路，保证可靠连接，以防脱落打出火花引起危险。在实际测量中，应针对测量对象、条件、要求选取适当的方法和合适的仪表，以取得比较准确的数据。

请同学们上网查阅目前市场的静电测试装置规格型号、性能价格、适用场所、技术参数等，并在课堂上或课余时间与同学交流自己获得的新知识。

知识拓展

拓展 1　新型绝缘电阻测试仪

随着科学技术的发展，目前一些智能、多功能型的绝缘电阻测试仪不断问世，它们具有数字显示、操作简单、安全可靠等优点，深受广大用户欢迎。如 UNILAPISO5kV 绝缘电阻测试仪，其外形结构如图 9-15 所示。它可以检测电器装置、家用电器、电缆和机器的绝缘状态。它具有 500V/1 000V/2 500V/5 000V 多种绝缘测试电压挡位，绝缘电阻测量范围为 10kΩ～30TΩ，有视觉及声音提示每 5s 的绝缘电阻值，测量电流＞1mA（DC），短路电流＜2mA（DC），有极限值设置、报警功能、接口，并配有分析软件等。

图 9-15　新型绝缘电阻测试仪

拓展 2　电气设施绝缘电阻最小允许值

电力电缆、变压器、避雷器、油开关、电动机的绝缘电阻最小允许值分别如表 9-1～表 9-5 所示。

表 9-1　电力电缆绝缘电阻最低值

额定电压（kV）	3	6	10	20～35
绝缘电阻（MΩ）	200	400	400	600

表 9-2　变压器绝缘电阻允许值（MΩ）

额定电压（kV）	温度（℃）	0	10	20	30	40	50	60	70	80
3～10	良好值	1 800	900	450	225	120	64	36	19	12
	最低值	1 200	600	300	150	80	43	24	13	8
20～35	良好值	2 400	1 200	600	300	166	83	50	27	15
	最低值	1 600	800	400	200	105	55	33	18	10
60～220	良好值	1 800	2 400	1 200	600	315	165	100	50	30
	最低值	3 200	1 600	800	400	215	110	65	35	21

表 9-3　避雷器绝缘电阻值（MΩ）

额定电压（kV）	有并联电阻的避雷器最低合格值	串联火花间隙的避雷器	
		最　低　值	可　用　值
3	10	700	350
6	15	1 200	600
10	20	1 600	800
35～110	150	5 000	2 500

表 9-4　　油开关最低绝缘电阻值（MΩ）

额定电压（kV）	使用兆欧表（V）	绝 缘 电 阻
3～15	1 000	300
35	2 500	1 000
110～220	2 500	2 500

表 9-5　　电动机绝缘电阻最低允许值

电动机额定电压（V）	测 定 条 件	
	热 状 态	冷 状 态
6kV 定子线圈绝缘电阻（MΩ）	6	30
380V 定子线圈绝缘电阻（MΩ）	1	3
转子线圈绝缘电阻（MΩ）	0.5	1

注：热状态是指电动机停止运行 12h 内，冷状态是指电动机停止运行 12h 以上。

对于一般布线用导线，其绝缘电阻值应满足每伏工作电压不小于 1 000Ω；低压开关（接触器等）、摇测合闸线圈和线间绝缘电阻值不应小于 1MΩ；母线每个支柱绝缘子或每片悬式绝缘子的绝缘电阻不小于 300MΩ。其他电气设施的绝缘电阻最小允许值，应查阅有关手册而定。

拓展 3  常用测温计及测静电仪器简介

1．常用测温计简介

随着科学技术的发展和现代工业技术的需要，测温技术也不断得到改进和提高。由于测温范围越来越广，根据不同的要求，又制造出不同需要的测温仪器。下面介绍以下几种。

（1）气体温度计。多用氢气或氦气作测温物质，因为氢气和氦气的液化温度很低，接近于绝对零度，故它的测温范围很广。这种温度计精确度很高，多用于精密测量。

（2）电阻温度计。分为金属电阻温度计和半导体电阻温度计，都是根据电阻值随温度的变化这一特性制成的。金属温度计主要有用铂、金、铜、镍等纯金属的及铑铁、磷青铜合金的；半导体温度计主要用碳、锗等。电阻温度计使用方便可靠，已得到广泛应用。它的测量范围为−260℃～600℃。

（3）温差电偶温度计。温差电偶温度计是一种工业上广泛应用的测温仪器，利用温差电现象制成。两种不同的金属丝焊接在一起形成工作端，另两端与测量仪表连接，形成电路。把工作端放在被测温度处，工作端与自由端温度不同时，就会出现电动势，因而有电流通过回路。通过电学量的测量，利用已知处的温度，就可以测定另一处的温度。这种温度计多用铜-康铜、铁-康铜、镍铬-康铜、金钴-铜、铂-铑等组成。它适用于温差较大的两种物质之间高温和低温测量。有的温差电偶能测量高达 3 000℃的高温，有的能测接近绝对零度的低温。

（4）高温温度计。高温温度计是指专门用来测量 500℃以上的温度计，有光测温度计、比色温度计和辐射温度计。高温温度计的原理和构造都比较复杂，这里不再讨论。高温温度计测量范围为 500℃～3 000℃，不适用于测量低温。

（5）指针式温度计。指针式温度计是形如仪表盘的温度计，也称寒暑表，用来测室温，是用金属的热胀冷缩原理制成的。它是以双金属片做为感温元件，用来控制指针。

双金属片通常是用铜片和铁片铆在一起，且铜片在左，铁片在右。由于铜的热胀冷缩效果要比铁明显得多，因此当温度升高时，铜片牵拉铁片向右弯曲，指针在双金属片的带动下就向右偏转（指向高温）；反之，温度变低，指针在双金属片的带动下就向左偏转（指向低温）。

（6）玻璃管温度计。玻璃管温度计是利用热胀冷缩的原理来实现温度的测量的。由于测温介质的膨胀系数与沸点及凝固点的不同，所以常见的玻璃管温度计主要有：煤油温度计、水银温度计、红钢笔水温度计。它的优点是结构简单，使用方便，测量精度相对较高，价格低廉。缺点是测量上下限和精度受玻璃质量与测温介质的性质限制，且不能远传，易碎。

（7）压力式温度计。压力式温度计是利用封闭容器内的液体、气体或饱和蒸汽受热后产生体积膨胀或压力变化作为测信号。它的基本结构是由温包、毛细管和指示表三部分组成的。它是最早应用于生产过程温度控制的方法之一。压力式测温系统现在仍然是就地指示和控制温度中应用十分广泛的测量方法。压力式温度计的优点是：结构简单，机械强度高，不怕震动，价格低廉，不需要外部能源。缺点是：测温范围有限制，一般在−80℃～400℃，热损失大，响应时间较慢，仪表密封系统（温包、毛细管、弹簧管）损坏难于修理，必须更换，测量精度受环境温度、温包安装位置影响较大，精度相对较低，毛细管传送距离有限制。压力温度计工作范围应在测量范围的1/2～3/4处，并尽可能使显示表与温包处于水平位置。其安装用的温包安装螺栓会使温度流失而导致温度不准确，安装时应进行保温处理，并尽量使温包工作在没有震动的环境中。

（8）转动式温度计。转动式温度计是由一个卷曲的双金属片制成的。双金属片一端固定，另一端连接着指针。两金属片因膨胀程度不同，在不同温度下，造成双金属片卷曲程度不同，指针则随之指在刻度盘上的不同位置，从刻度盘上的读数，便可知其温度。

（9）半导体温度计。半导体的电阻变化和金属不同，温度升高时，其电阻反而减少，并且变化幅度较大。因此少量的温度变化也可使电阻产生明显的变化，所制成的温度计有较高的精密度，常被称为感温器。

（10）热电偶温度计。热电偶温度计是由两条不同金属连接着一个灵敏的电压计所组成的。金属接点在不同的温度下，会在金属的两端产生不同的电位差。电位差非常微小，故需灵敏的电压计才能测得。由电压计的读数，便可知道温度值。

（11）光测高温计。物体温度若高到会发出大量的可见光时，便可利用测量其热辐射的多寡以测量其温度，此种温度计即为光测温度计。此温度计主要是由装有红色滤光镜的望远镜及一组带有小灯泡、电流计与可变电阻的电路制成的。使用前，先建立灯丝不同亮度所对应温度与电流计上的读数的关系。使用时，将望远镜对正待测物，调整电阻，使灯泡的亮度与待测物相同，这时从电流计便可读出待测物的温度了。

（12）液晶温度计。用不同配方制成的液晶，其相变温度不同，当其相变时，其光学性质也会改变，使液晶看起来变了色。如果将不同相变温度的液晶涂在一张纸上，则由液晶颜色的变化，便可知道温度值。此温度计优点是读数容易，而缺点则是精确度不足，常用于观赏用鱼缸中，以指示水温。

2．常用测静电仪器简介

静电电位从数千伏至数万伏，为适应这种情况的测量，使用仪器有许多种类，常用的仪器如表9-6所示。

表 9-6　　常用静电测试仪器

对　象	仪器名称	仪器原理	测量范围	适用场所	特　点
电位	QV 型静电电位仪	利用静电作用力使张力丝偏转	数十至数万伏	现场实验室	仪器与被测体接触，宜测导体上电位受空气湿度影响
	静电电压表	利用静电感应经直流放大读数	数十至数万伏	现场实验室	体积小适用于非接触式测量
		利用静电感应先变成交变信号再放大读数	数十至数万伏	现场实验室	体积小，适用于非接触式测量
	集电式静电电压表	利用放射性元素电离空气，改变空气绝缘电阻	数十至数万伏	现场实验室	非接触式测量
高阻绝缘	ZC31 型高阻计	用振动电容将直流微弱信号变为交流放大指示	10^6A～10^9Ω	实验室	体积小适用于固体绝缘电阻的测量
微电流	AC 型复射式检流计	磁场对载流线圈的作用力矩使张丝偏转	$<1.5\times10^{9}$A	实验室	
电容器	QS-18A 万能电桥等	电桥原理	微微法至数十微法	实验室	携带方便

思考与练习

一、填空题

1．电气绝缘性能测试，属于预防性试验，其目的：________________。

2．兆欧表（又叫绝缘摇表）是测量________________的常用仪表。

3．接地电阻测量的目的是________________。

4．电流测试的主要目的是：________________。

5．可燃气体浓度检测的目的是：________________。

6．静电测试的目的是：________________。

二、选择题（将正确答案的序号填入括号中）

1．用万用表测直流电流时，应将万用表与被测电路（　　）。

A．串联　　B．并联　　C．串联或并联都可以

2．在使用兆欧表时，其上面的接线柱有（　　）3 个接线柱。

A．L、E 和 C　　B．L、E 和 G　　C．L、E 和 F

3．对电气设备的温度测试目的是（　　）。

A．检查电气设备是否电流泄漏，以避免发生触电事故

B．检查电气设备是否过载，以保证设备正常工作

C．检查电气设备是否超过最高允许温度，以避免温升过高

三、简答题

1．怎样正确使用万用表？

2．如何正确使用兆欧表？在使用中应注意什么问题？

3．对静电进行测试时有哪些要求？

4．简述 7151 型半导体温度计的使用方法及注意事项。

附录A 参考答案

模块一 一种优质能源——电能

一、填空题

1．其他形式的能量、火力发电厂、水力发电厂、核能发电厂；2．升压变压器、高压输电线、降压变压器；3．变电、输电、配电；4．电压频率、波形、供电的可靠性。

二、选择题

1．B；2．B；3．B。

三．简答题

1．略。

2．对电力线路的基本要求为：（1）供电可靠性高应保证对用户可靠地、不间断地供电；（2）电压质量合格供电电压质量要符合《全国供用电规则》的规定：对 10kV 及以下的电力用户的电压变动范围为±7%；对低压照明用户的电压变动范围为-10%～+5%；（3）运行力求经济要求最大限度地减少线路损耗，提高送电效率，降低送电成本，节省维修费用。

3．略。

模块二 触电与触电急救

一、填空题

1．生理、病理；2．通过人体电流过大、欧姆定律、越大、越大；3．电灼伤、电烙印、皮肤金属化；4．感知电流、摆脱电流、致命电流；5．直接电击、间接电击；6．电标、电纹、电流斑；7．人体内阻、皮肤电阻；8．500V、220V、36V、12V；9．42V、36V、24V、12V、6V；10．低压带电体、高压带电体；11．单相触电、两相触电、跨步电压触电；12．人工呼吸、胸外挤压。

二、选择题

1．D；2．C；3．A；4．C；5．C；6．D；7．C；8．A；9．A；10．D；11．B。

三、简答题

1．电流对人体伤害程度的因素主要表现在以下几个方面：

通过人体的电流值；电流作用于人体的时间；电流在人体内流通的路径；人体本身的情况；电流种类的影响；人体的阻抗值。

2．安全电压是一种常用的防触电技术措施。使用安全电压既能防止直接接触电击，也能防止间接接触电击。根据欧姆定律，电压越高，电流也就越大。因此，可以把可能加在人身上的电压限制在某一范围内，使得在这种电压下通过人体的电流不超过允许的范围，这一范围内的电压就叫做安全电压，也叫做安全特低电压或安全超低电压。

我国规定的安全电压值的工频有 42V、36V、24V、12V 和 6V 五个等级。

3．这话不对。只有低于 36V 的电压（称安全电压）才是安全的。普通照明电路照明和动力线路电压为 220V 和 380V，虽属于低压电，但对人体都是危险的。

4．电击是电流通过人体，破坏人的心脏、神经系统、肺部等内部器官的正常工作造成的伤害。电击的主要表现为生物学效应。电流通过人体会引起麻感、针刺感、呼吸困难、痉挛、血压异常、灼热感、昏迷、心室颤动或心跳停止等现象。

电伤是由电流的热效应、化学效应、机械效应等对人体造成的局部伤害，包括电灼伤、电烙印和皮肤金属化等不同形式的伤害。

5．发生触电事故时，在保证救护者本身安全的同时，必须首先设法使触电者迅速脱离电源，然后进行以下抢救工作。

（1）解开妨碍触电者呼吸的紧身衣服。

（2）检查触电者的口腔，清理口腔的粘液，如有假牙，则取下。

（3）立即就地进行抢救，如呼吸停止，采用口对口人工呼吸法抢救，若心脏停止跳动或不规则颤动，可进行人工胸外挤压法抢救。决不能无故中断。

如果现场除救护者之外，还有第二人在场，则还应立即进行以下工作：

① 提供急救用的工具和设备；

② 劝退现场闲杂人员；

③ 保持现场有足够的照明和保持空气流通；

④ 向领导报告，并请医生前来抢救。

实验研究和统计表明，如果从触电后 1min 开始救治，则 90%可以救活；如果从触电后 6min 开始抢救，则仅有 10%的救活机会；而从触电后 12min 开始抢救，则救活的可能性极小。因此当发现有人触电时，应争分夺秒，采用一切可能的办法。

6．随着家用电器的普及应用，正确掌握安全用电知识，确保用电安全至关重要。

（1）不要购买“三无”的假冒伪劣家用产品。

（2）使用家电时应有完整可靠的电源线插头。对金属外壳的家用电器都要采用接地保护。

（3）不能在地线上和零线上装设开关和保险丝。禁止将接地线接到自来水、煤气管道上。

（4）不要用湿手接触带电设备，不要用湿布擦抹带电设备。

（5）不要私拉乱接电线，不要随便移动带电设备。

（6）检查和修理家用电器时，必须先断开电源。

（7）家用电器的电源线破损时，要立即更换或用绝缘布包扎好。

（8）家用电器或电线发生火灾时，应先断开电源再灭火。

模块三　电气火灾与扑救

一、填空题

1．由于电气线路、用电设备（或器具）以及供配电设备等出现故障性释放热能而引发的火灾；2．线路的某一个地方因为某种原因（自然原因或人为原因，如风吹雨打、潮湿、高温、碰压、划破、磨擦、腐蚀等）使电线的绝缘或支架材料的绝缘能力下降，导致电线

与电线之间（通过损坏的绝缘、支架等）、导线与大地之间（电线通过水泥墙壁的钢筋、马口铁皮等）有一部分电流通过的现象；3．防火，灭火；预防为主、防消结合；以防为主、消为辅；4．切断电源、火；5．切断电源；6．水、泡沫灭火；黄砂、二氧化碳、1211、四氯化碳灭火器。

二、选择题

1．B；2．A；3．C；4．A；5．B。

三、简答题

1．（1）对用电线路进行巡视，以便及时发现问题。

（2）定期检查线路熔断器，选用合适的保险丝，不得随意调粗保险丝，更不准用铝线和铜线等代替保险丝。

（3）检查线路上所有连接点是否牢固可靠，要求附近不得存放易燃可燃物品。

（4）在设计和安装电气线路时，导线和电缆的绝缘强度不应低于网路的额定电压，绝缘子也要根据电源的不同电压进行选配。

（5）在特别潮湿、高温或有腐蚀性物质的场所内，严禁绝缘导线明敷，应采用套管布线，在多尘场所，线路和绝缘子要经常打扫，勿积油污。

（6）安装线路和施工过程中，要防止划伤、磨损、碰压导线绝缘，并注意导线连接接头质量及绝缘包扎质量。

（7）严禁乱接乱拉导线，安装线路时，要根据用电设备负荷情况合理选用相应截面的导线。并且，导线与导线之间、导线与建筑构件之间及固定导线用的绝缘子之间应符合规程要求的间距。

2．用1211或干粉灭火器、二氧化碳灭火器效果好，因为这3种灭火器的灭火药剂绝缘性能好，不会发生电气触电事故。

3．当发生电气火灾时，首先断开电源，然后灭火。有时为了争取时间，防止火灾扩大和蔓延，来不及断电，或因生产需要和其他原因不能断电时，则需要带电灭火。

带电灭火应注意以下几点。

① 应按灭火器的种类选择适当的灭火器，不能使用普通的泡沫灭火器，因为它的灭火剂有一定的导电性，并且对电气设备的绝缘有影响。

② 人体与带电体之间必须保持必要的安全距离。

③ 对架空线路等空中设备进行灭火时，人体位置与带电体之间的仰角不应超过45°，以防导线断落危及灭火人员的安全。

④ 带电导线断落地面，要划出一定的警戒区，以防跨步电压伤人。

4．（1）保持镇静，判明所处位置，及时撤离。

（2）善选通道，不要使用电梯。

（3）迅速撤离，不要贪恋财物重返危险境地。

（4）防护自身，注意避险；如用物品遮掩身体易受害部分和不靠近窗户玻璃，不要逆着人流前进，以避免被推倒在地。

（5）紧抓固物，巧避藏身，溜边前行。拥挤时，如有可能，要抓住牢靠的东西如楼梯，暂时躲避，待人群过去后迅速离开现场。

5．略。

模块四　雷电与雷电防范

一、填空题

1．放电；2．电压高、电流大、能量释放时间短；3．直接雷、间接雷；4．接闪器、引下线、接地装置；5．接地线、接地体；6．维护检查。

二、选择题

1．C；2．B；3．C；4．A；5．A；6．B。

三、简答题

1．为了使建筑物的防雷保护装置具有可靠的保护效果，不仅要有合理的设计和正确的施工，还要注意经常维护和检查，因为防雷保护装置如果不符合要求，它不仅起不到雷电保护的作用，而且会招致人身伤亡或建筑物损失。因此要定期对防雷保护装置进行维护和检查。

2．由于架空线路直接暴露在旷野，而且分布很广，最易遭受雷击，使线路绝缘损坏，并产生工频短路电流，使线路跳闸。所以对架空线路一是尽可能地在线路上减少或避免产生雷击过电压；二是产生雷电过电压后，尽可能避免线路跳闸。

确定架空线路的防雷方式时，应考虑线路的电压等级、当地原有线路的运行情况、雷电活动强弱、地形地貌的特点、土壤电阻率的高低以及负载性质和系统运行方式等条件，因地制宜采取经济、合理的保护措施。这些措施主要有：应用自动重合闸装置；装设避雷线；装设避雷器或保护间隙；加强线路绝缘；加强线路交叉部分的保护等。

3．经变压器与架空线路连接的高压电机，一般不要求对它采取特殊的防雷保护措施，因为经过变压器转换的雷电，除了个别的情况外，不会有损坏电机绝缘的危险。但当高压电击不经变压器而直接由架空线路配电（即“直配”）时，其防雷工作就显得特别重要。高压直配电机的防雷保护措施应根据电机容量、当地雷电活动强弱和对供电可靠性的要求确定。

4．人在户（室）外为防止雷击，应遵守以下原则。

① 遇到雷击时，应立即寻找避雷场所。若找不到合适的避雷场所，可以蹲下，两脚并拢，双手抱膝，尽量降低身体重心，减少人体与地面的接触面积。如能立即披上不透水的雨衣，防雷效果更好。

② 遇到雷击时，不要待在露天游泳池、开阔的水域或停留在树林的边缘；不要待在电线杆、旗杆、干草堆、帐篷等没有防雷装置的物体附近；不要停留在铁轨、水管、煤气管、电力设备、拖拉机等外露金属物体旁边；不要停留在山顶、楼顶等高处；不要靠近孤立的大树或烟囱；不要躲进空旷地带孤零零的棚屋、岗亭里。

③ 高压电线遭雷击落地时，近旁的人要保持高度警觉，当心地面“跨步电压”的电击。逃离时的正确方法是：双脚并拢，跳着离开危险地带。

模块五　静电与静电防范

一、填空题

1．带电、正电荷、负电荷；2．减少摩擦起电、接地泄漏、降低电阻率、增加空气湿度、利用静电消除器电离空气；3．伤害人体、妨碍生产、影响产品质量、使易燃易爆品起火和爆炸；4．减少摩擦起电、设置接地、释放静电、屏蔽、降低电阻率、增加空气湿度、利用静电消除器；5．静电除尘、静电分选、静电植绒、静电喷涂。

二、选择题

1．A；2．B；3．A。

三、简答题

1．静电危害主要表现在以下3个方面。

（1）伤害人体。人体静电对人身的危害是刺激神经，给人以短暂冲击感，使人疼痛、心脏颤动、身体其他部位不适等，甚至发生严重后果，例如高空作业时遭静电电击后，会造成人体坠落伤亡事故。

（2）妨碍生产、影响产品质量。

（3）使易燃易爆品起火和爆炸。

防止静电危害的主要措施有：减少摩擦起电、设置静电接地装置、降低电阻率（如添加导电填料）采用防静电剂、增加空气湿度、利用静电消除器等。

2．静电要成为引起爆炸和火灾的点火源，必须充分满足下述条件：

（1）要有能够产生静电的条件；

（2）要有能积累足够的电荷，达到火花放电电压的条件；

（3）要有能引起火花放电的放电间隙；

（4）发生的火花要有足够的能量；

（5）在间隙和周围环境中有可被引燃引爆的可燃气体或爆炸性混合物，而且气体和混合物要具备足够的浓度。

3．略。

模块六　电气安全知识与接地装置

一、填空题

1．系统中各种类型不正常的相与相之间或相与地之间的短接；2．超过电气线路和设备的允许负荷运行的现象；3．老化、击穿、机械损伤；4．短路事故、断路事故、漏电事故；5．热传导散热、热对流散热、热辐射散热。

二、选择题

1．D；2．C；3．B；4．B；5．A。

三、简答题

1．“安全”是指各种事物对人不产生危害、不导致危险、不造成损失、不发生事故、运行正常、进展顺利等安顺祥和、国泰民安之意。若在生产过程中，是指不发生工伤事故、职业病、设备或财产损失的状况，即人不受伤害，物不受损失。

2．将电气设备正常运行情况下不带电的金属外壳和构架通过接地装置与大地土壤的连接，用来防护间接触电的接地，称作保护接地。

将电气设备正常运行情况下不带电的金属外壳和构架与配电系统的零线直接进行电气连接，用来防护间接触电的接地，称作保护接零。

保护接地和保护接零，虽然两者都是安全保护措施，但是它们实现保护作用的原理不同，保护接地是将故障电流引入大地。保护接零是将故障电流引入系统，促使保护装置迅速动作而切断电源。

3．在技术上应满足以下几点要求。

（1）触电保护的灵敏度要正确合理，一般启动电流应在 15～30mA 范围内。

（2）触电保护的动作时间一般情况下不应大于 0.1s。

（3）保护器应装有必要的监视设备，以防运行状态改变时失去保护作用，如对电压型触电保护器，应装设零线接地的装置。

4．三相四线制中性点直接接地系统中的电气设备，如不采取保护接地或保护接零措施，一旦电气设备漏电，人体触及漏电设备外壳时，加在人体的接触电压为相电压，接地短路电流通过人体电阻与变压器工作接地电阻组成串联电路；若漏电设备已采用保护接地（或接零）措施时，则人体电阻和保护接地电阻并联。由于人体电阻比保护接地电阻大得多，接地短路电流绝大部分从接地电阻上流过，减轻了对人体触电伤害程度，但通过人体的接地短路电流仍有可能使人致命，因此，在三相四线制中性点直接接地的低压配电系统中，电器设备如采用保护接地，根据国际 IEC 标准应装设漏电保护器。

5．（1）漏电保护装置的安装应符合生产厂家产品说明书的要求，应考虑供电线路、供电方式、系统接地类型和用电设备特征等因素。

（2）安装漏电保护装置之前，应检查电气线路和电气设备的泄漏电流值和绝缘电阻值。当电气线路或设备的泄漏电流大于允许值时，必须更换绝缘良好的电气线路或设备。

（3）漏电保护装置标有电源侧和负载侧，安装时必须加以区别，按照规定接线，不得接反。如果接反，会导致电子式漏电保护装置的脱扣线圈无法随电源切断而断电，以致长时间通电而烧毁。

（4）安装漏电保护装置时必须严格区分中性线和保护线。使用三极四线式和四极四线式漏电保护装置时，中性线应接入漏电保护装置。经过漏电保护装置的中性线不得作为保护线、不得重复接地或连接设备外露可导电部分。

（5）保护线不得接入漏电保护装置。

（6）漏电保护装置安装完毕后应操作试验按钮试验 3 次，带负载分合 3 次，确认动作正常后，才能投入使用。

6．低压线路中的电气设备或导线的功率和电流超过了其额定值。处于过载运行时，会使低压线路导体中的电能转变成热能，当导体和绝缘物局部过热，达到一定温度时，就会引起火灾；当低压线路中的电气设备短路时，在短路点或导线连接松弛的接头处，会产生电弧或火花。电弧温度很高，可达 6 000℃以上，不但可引燃它本身的绝缘材料，还可将它附近的可燃材料、蒸气和粉尘引燃；另外，由于低压线路中的电气设备或导线接触不良、散热不良、铁心过热、机械故障及电气设备的正常发热，也可能产生电气火灾；电气设备工作时产生的电火花或电弧，其温度可达 5 000℃以上，完全能引起可燃物燃烧。

模块七　电气照明与节电技术

一、填空题

1．自然光、人造光、人造光源；2．额定电压和额定电流、额定功率、使用寿命、光通

量输出发光效率、光色、启燃与再启燃时间、温度特性、功率因数；3．白炽灯、荧光灯、卤钨灯、钠灯、金属卤化物灯、水银灯、氙灯；4．吸顶灯、镶嵌灯、吊灯、壁灯、台灯、落地灯；5．价格便宜显色性能好，便于调光；光效高、显色性能好、表面亮度低和寿命长；6．限制光源的亮度；光源（灯具）悬挂高度要适当；合理地分布光源，使光源远离视觉中心；适当提高环境的亮度。

二、选择题

1．B；2．C；3．A。

三、简答题

1．①自觉遵守实训纪律，注意安全操作。②灯座装入固定孔时，要将灯座放正。③在固定灯罩时，固定螺丝不能拧得过紧或过松，以防螺丝损坏灯罩。④注意壁灯的安装高度。

2．①吊灯应装有挂线盒。吊灯线的绝缘必须良好，并不得有接头。②在挂线盒内的接线应采取措施，防止接头处受力使灯具跌落。超过 1kg 的灯具须用金属链条吊装或用其他方法支持，使吊灯线不承力。吊灯灯具超过 3kg 时，应预埋吊钩或螺栓。③在高处安装吊钩、吊灯，应注意安全，以免掉下。④注意吊灯的安装高度。

3．①在固定小木块时，应防止木块压住电源的绝缘层，以防发生短路事故。②在安装吸顶灯灯罩时，灯罩固定螺丝不能拧得过紧或过松，以防螺丝顶破灯罩。③在高处安装时，应注意安全操作，站的位置要牢固平稳。

4．①荧光灯及其附件应配套使用，应有防止因灯脚松动而使灯管跌落的措施，如采用弹簧灯脚或用扎线把灯管固定在灯架上。②荧光灯不得紧贴装在有易燃性的建筑材料上，灯架内的镇流器应有适当的通风装置。③嵌入顶棚内的荧光灯安装应固定在专设的框架上，电源线不应贴近灯具的外壳。

5．略。

模块八　电气用具和电气安全管理

一、填空题

1．发电、输电、变电、配电、用电；2．专业知识和技能、安全运行、人身安全；3．测试线路或电气设备的绝缘状况；4．测量交流或直流的电压、电流，还可以测量元件的电阻以及晶体管的一般参数和放大器增益；5．电器及其线路是否有电的低压验电工具；6．“安全第一、预防为主”，安全预防技术；7．电击，短路、故障接地；8．带电部位、场地、永久性屏护、临时屏护；9．动力、电线路；10．禁止停止、警告注意、指令、安全状态通行；11．图形符号、安全色、几何形状（边框）或文字、禁止标志、警告标志、指令标志、提示标志。

二、选择题

1．C；2．A；3．B；4．A；4．C；5．B；6．C。

三、简答题

1．电气工作人员应有良好的精神素质、健康的身体，必须持证上岗，工作时，必须严格遵照执行《电业安全工作规程》，熟悉电气设备和线路，掌握触电急救技术。

2．电气工作人员的职责是运用自己掌握的专业知识和技能，勤奋地工作，防止、避免和减少电气事故的发生，保障电气线路和电气设备的安全运行及人身安全，不断提高供、用电装备水平和安全用电水平，即：

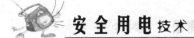

（1）认真学习、积极宣传、贯彻执行党和国家的劳动保护用电安全法规；

（2）严格执行上级有关部门和本企业内的现行有关安全用电等规章制度；

（3）认真做好电气线路和电气设备的监护、检查、保养、维修、安装等工作；

（4）爱护和正确使用机电设备、工具和个人防护用品；

（5）在工作中发现有用电不安全情况，除积极采取紧急安全措施外，应向领导或上级汇报；

（6）努力学习电气安全技术知识，不断提高电气技术操作水平；

（7）主动积极做好非电工的安全使用电气设备的指导和宣传教育工作；

（8）在工作中有权拒绝违章指挥，有权制止任何人违章作业。

3.

图形				
标示含义	警告标志 当心触电	警告标志 当心吊物	警告标志 当心安全	警告标志 当心火灾
图形				
标示含义	指令标志 必须带安全帽	指令标志 必须穿防护鞋	指令标志 必须系安全带	指令标志 必须戴防护手套
图形				
标示含义	禁止标志 禁止靠近	禁止标志 禁止入内	禁止标志 禁止合闸	禁止标志 禁止触摸

模块九 电气安全检测技术

一、填空题

1．发现电气设施绝缘缺陷，配合检修等加以整改消除，保证设备正常运行；2．绝缘电阻值；3．检查设备的接地装置是否达到所需的要求，确保人身和设备的安全；4．检查导线中流过的电流是否超过导线的安全载流量等不安全因素；5．及时探测出场所气体的浓度，有准备地把场所可燃气体浓度控制在爆炸下限浓度以下，以防意外的爆炸燃烧或火灾事故；6．判断场所和设备上积累的静电电荷能否达到放出危险火花的程度，以便及时采取措施加以防护。

二、选择题

1．A；2．B；3．C。

三、简答题

1．万用表是一块测量交流电压、直流电压、直流电流和电阻等参数的仪表。在万用表使用时应水平放置，如万用表指针不在“零”位，可以调整调零器，使指针对准“零”。

测量电压、电流时，万用表的红表笔要插入正极（+）插口，黑表笔插入负极（−）插口。要注意交流电压与直流电压的区别。要根据被测电压、电流的大小，把转换开关转至电压、电流挡的适当量程位置上。测量电压时，要将万用表并联在被测量电路的两端。测量电流时，要将万用表串联在被测量的电路中。

测量电阻时，应根据被测电阻的大小把选择开关拨到欧姆挡的适当挡位上（如 R×1、R×10、R×100、R×1kΩ）。量程选择的原则：要使指针尽可能做到在中心附近，因为这时的误差最小。将红、黑表笔短接，如万用表针不能满偏（表针不能偏转到零欧姆位置），可进行“欧姆调零”。

将被测电阻同其他元器件或电源脱离，单手持表棒并跨接在电阻两端。读数时，应先根据表针所在位置确定最小刻度值，再乘以倍率，即为电阻的实际阻值。例如，指针指示的数值是 40Ω，若选择的量程为 R×10，则测得的电阻值为 400Ω。

万用表使用后，将选择开关拨到 OFF 或最高电压挡，防止下次开始测量时不慎烧坏万用表。长期搁置不用时，应将万用表中的电池取出。平时对万用表要保持干燥、清洁，严禁振动和机械冲击。

2．（1）按电气设备的电压等级正确选择兆欧表的规格，电压在 500V 以下的电气设备，可选用 500V 兆欧表；500V 以上的电气设备，应分别选用 1 000V 或 2 500V 的兆欧表。

（2）测量绝缘电阻前，必须将所测设备的电源切断，对高压设备，电容和电感还要短接放电，以保证安全。

（3）兆欧表应放置平稳并应用绝缘良好的软线，分开单独连接，不得用双股绝缘绞线或平型线，以免影响读数。

（4）测量前，应对兆欧表先作一次开路和短路试验，以确定表是否有故障或误差。

（5）接线时，必须认清接线柱。“E”端应接在电气设备的外壳或地线上，“L”端应接在被测导线上。测量电缆绝缘电阻时，应将中间层接到“G”上，同时应将触点表面处理清洁，以免影响效果。

（6）摇动手柄时，应由慢变快，一般以每分钟 120 转为宜，如发现表针已摆到“0”位时，即应停止摇动手柄，以防线圈损坏。

（7）兆欧表在不使用时，应置于固定的橱内，周围温度不宜太冷或太热，切忌放于污秽、潮湿的地面上以及含腐蚀气体（如酸碱蒸气等）场所，以免兆欧表内部线圈、导流片等零件发生受潮、生锈、腐蚀等现象，并应尽量避免长期剧烈震动，以防止表头、轴尖变秃或宝石轴承破裂。

（8）在有雷电时，或邻近有高压带电体的设备上，均不得用兆欧表进行测量。

3．（1）静电电流很小，一般只有微安级甚至微微安级，因此要求测量仪表输入阻抗很高；

（2）静电电压高达数千伏甚至数万伏，因此所用仪表要适宜于高电压的测量；

（3）高绝缘材料往往更容易产生静电，因此需要能用于高绝缘测量的仪器仪表；

（4）测量时，应使整个测量系统的绝缘保持在较高水平，防止静电接地；

（5）导体上的静电宜用接触式仪表测量；绝缘体固体、液体和粉体上的静电可用非接触式仪表或间接的方法测量。

4.（1）使用时把仪器放平，使用前开关应打在“关”的位置，调整电表面盖上的调整器，使起刻线与指针重合。

（2）调整满刻度，将右面开关转到“满”处，用“细调”电位器调整电压，使指针与满刻度线重合（一个量程）。若采用多量程仪器，首先确定测量范围，然后确定左面开关量程数。再将右面开关转向“满”的位置，调整满刻度。

（3）将感温元件良好地接触被测位置，然后将右面开关由“满”转向“测”，电表指针迅速移动，待稳定，即是被测部位的温度指示值。

（4）测温结束后，将右面开关由“测”转到“关”，切断电源，避免由于温度低于最低刻线而引起电表过载、影响精度，并延长电池使用期。

（5）仪表的维护及检修应注意下述几点：

a．半导体热敏电阻感温元件（外露式）采用玻璃封结，在测温和保管中应防止与较硬物体接触，以免损坏元件；

b．当调整满刻度而电压不够时，应调换电池，并注意正负极；

c．由于每台半导体温度计的感温元件不同，因此不能随意相互调换使用；

d．7151 型半导体温度计不宜在大电流、高电压、强磁场下使用，不宜长期安置在有腐蚀性气体及饱和湿度的条件下使用，以免损坏仪器及发生其他危险。

附录B 工 作 票

在电气设备上工作，必须得到许可或按命令进行。工作票就是准许在电气设备上工作的书面命令，通过工作票可明确安全职责，履行工作许可、工作间断、转移和终结手续，以及作为完成其他安全措施的书面依据。因此，除一些特定的工作外，凡在电气设备上进行工作的，均必须填写工作票。

一、发电厂（变电所）第一种工作票（停电作业）

编号：

1．工作负责人（监护人）：__________ 班组：__________

2．工作班成员：__________________________共____人

3．工作内容和工作地点：____。

4．计划工作时间：自____年____月____日____时____分

至____年____月____日____时____分

5．安全措施：

下列由工作票签发人填写	下列由工作许可人（值班员）填写
应拉断路器（开关）和隔离开关（刀闸），包括填写前已拉断路器（开关）和隔离开关（刀闸）（注目编号）	已拉断路器（开关）和隔离开关（刀闸）（注明编号）
应装设接地线（注明确实地点）	已装接地线（注明接地线编号和装设地点）
应设遮栏、挂标志牌	已设遮栏、挂标志牌（注明地点）
	工作地点保留带电部分和补充安全措施
工作票签发人签名： 收到工作票时间：___年__月__日__时__分 值班负责人签名：	工作许可人签名： 值班负责人签名：

6．许可开始时间：___年__月__日__时__分

工作许可人签名：__________工作负责人签名：__________

7．工作负责人变动：

原工作负责人________离去，变更________为工作负责人。

变动时间：___年__月__日__时__分

工作票签发人签名：________

8．工作票延期，有效期延长到：___年___月___日___时___分

工作负责人签名：__________ 值班负责人签名：__________

9．工作终结：

工作班人员已全部撤离，现场已清理完毕。

全部工作于___年___月___日___时___分结束。

工作负责人签名：__________工作许可人签名：________

接地线共 ________ 组已拆除。

值班负责人签名：________

10．备注：____

____

二、发电厂（变电所）第二种工作票（不停电作业）

编号：

1．工区、所（工段）名称：________________________。

2．工作负责人姓名：________________________。

3．工作班成员：________________________

________________________。

4．工作线路或设备名称：________________________。

工作范围：________________________

____

________________________。

工作任务：________________________

____

____

5．计划工作时间：自____年____月____日____时____分

至____年____月____日____时____分

6．执行本工作应采取的安全措施：________________________

____

____

________________________。

7．通知调度（工区值班员）：

工作开始时间____年____月____日____时____分

工作完成时间____年____月____日____时____分

工作票签发人：________________ 工作负责人：

三、低压第一种工作票（停电作业）

编号：

1．工作单位及班组：________________________。

2．工作负责人：________________________。

3．工作班成员：________________________。

4．停电线路、设备名称（双回路应注明双重称号）：________________。

5．工作地段（注明分、支线路名称，线路起止杆号）：________________。

6．工作任务：________________________

____

____

____。

7．应采取的安全措施（应断开的开关、刀开关、熔电器和应挂的接地线，应设置的围栏、标志牌等）：____

____。

保留的线路和带电设备：____

____。

应挂的接地线

线路设备杆号				
接地线编号				

8．补充安全措施：____。

工作负责人：____。

工作票签发填：____。

工作许可人填：____。

9．计划工作时间：

自____年___月___日___时___分至____年___月___日___时___分

工作票签发人：______________ 签发时间：____年___月___日___时___分

10．开工和收工许可：

开工时间（日 时 分）	工作负责人（签名）	工作许可人（签名）	开工时间（日 时 分）	工作负责人（签名）	工作许可人（签名）

11．工作班成员签名：____

____。

12．工作终结：

现场已清理完毕，工作人员已全部离开现场。

全部工作于____年____月____日____时____分结束。

工作负责人签名：____________工作许可人签名：____________

13．需记录备案内容（工作负责人填）：____

____。

14．附线路走径示意图：

____。

注：此工作票除注明外，均由工作负责人填写。

四、低压第二种工作票（不停电作业）

编号：

1．工作单位：____。

2．工作负责人：____。

3．工作班成员：____。

4．工作任务：____

____

____。

5．工作地点与杆号：____

____

____。

6．计划工作时间：

自____年___月___日___时___分至____年___月___日___时___分

工作票签发人：______________ 签发时间：____年___月___日___时___分

7．注意事项（安全措施）：____

____

____

8．工作票签发人（签名）：______年___月___日___时___分

工作负责人（签名）：（开工）____年___月___日___时___分

（终结）____年___月___日___时___分

工作许可人（签名）：（开工）____年___月___日___时___分

（终结）____年___月___日___时___分

9．现场补充安全措施

工作负责人填：____

____。

工作许可人填：____

____

____

____。

10．工作班成员签名：____

____。

注：此工作票除注明外，均由工作负责人填写。

附录 C　关于特种作业人员安全技术培训考核工作的意见

安监管人字（2002）124 号

各省、自治区、直辖市及新疆生产建设兵团安全生产监督管理部门，各煤矿安全监察局及北京、新疆生产建设兵团煤矿安全监察办事处：

为规范特种作业人员的安全技术培训、考核与发证工作，防止人员伤亡事故，促进安全生产，依据《安全生产法》、《矿山安全法》和国家经贸委《特种作业人员安全技术培训考核管理办法》，以及新时期安全生产形势的要求，现就特种作业人员安全技术培训、考核与发证工作提出如下意见：

一、国家安全生产监督管理局（国家煤矿安全监察局）（以下简称国家局）依法组织、指导并监督全国特种作业人员安全技术培训、考核、发证工作。各省（区、市）安全生产监督管理部门依法组织实施本地区特种作业人员安全技术培训、考核和发证工作。

设煤矿安全监察机构的省（区、市），各省级煤矿安全监察机构依法组织实施所辖区域煤炭生产经营单位特种作业人员安全技术培训、考核和发证工作。

二、特种作业人员是指容易发生人员伤亡事故，对操作者本人、他人及周围设施的安全可能造成重大危害的作业。直接从事特种作业的人员称为特种作业人员。

特种作业及人员范围包括：

（一）电工作业。含发电、送电、变电、配电工，电气设备的安装、运行、检修（维修）、试验工，矿山井下电钳工；

（二）金属焊接、切割作业。含焊接工，切割工；

（三）起重机械（含电梯）作业。含起重机械（含电梯）司机，司索工、信号指挥工，安装与维修工；

（四）企业内机动车辆驾驶。含在企业内及码头、货场等生产作业区域和施工现场行驶的各类机动车辆的驾驶人员；

（五）登高驾设作业。含 2 类以上登高架设、拆除、维修工，高层建（构）筑物表面清洗工；

（六）锅炉作业（含水质化验）。含承压锅炉的操作工，锅炉水质化验工；

（七）压力容器作业。含压力容器罐装工、检验工、运输押运工，大型空气压缩机操作工；

（八）制冷作业。含制冷设备安装工、操作工、维修工；

（九）爆破作业。含地面工程爆破、井下爆破工；

（十）矿山通风作业。含主扇风机操作工，瓦斯抽放工，通风安全监测工，测风测尘工；

（十一）矿山排水作业。含矿山主排水泵工，尾矿坝作业工；

（十二）矿山安全检查作业。含安全检查工，瓦期检验工，电器设备防爆检查工；

（十三）矿山提升运输作业。含主提升机操作工，（上、下山）绞车操作工，固定胶带输送机操作工，信号工，拥罐（把钩）工；

（十四）采掘（剥）作业。含采煤机司机，掘进机司机，耙岩机司机，凿岩机司机；

（十五）矿山救护作业；

（十六）危险物品作业。含危险化学品、民用爆炸、放射性物品的操作工、运输押运工、储存保管员；

（十七）经国家局批准的其它的作业。

三、特种作业人员必须具备以下基本条件：

（一）年龄满18周岁；

（二）身体健康，无妨碍从事相应工种作业的疾病和生理缺陷；

（三）初中（含初中）以上文化程度，具备相应工种的安全技术知识，参加国家规定的安全技术理论和实际操作考核并成绩合格；

（四）符合相应工种作业特点需要的其它条件。

四、特种作业人员必须接受与本工种相适应的、专门的安全技术培训，经安全技术理论考核和实际操作技能考核合格，取得特种作业操作证后，方可上岗作业；未经培训，或培训考核不合格者，不得上岗作业。

已按国家规定的本工种安全技术培训大纲及考核标准的要求进行教学，并接受过实际操作技能训练的职业高中、技工学校、中等专业学校毕业生，可不再进行培训，而直接参加考核。

五、特种作业人员培训考核实行教考分离制度。国家局负责组织制定特种作业人员培训大纲及考核标准，推荐使用教材。培训机构按照国家局制定的培训大纲和推荐使用教材组织开展培训。各省级安全生产监督管理部门、煤矿安全监察机构或其委托的有资质的单位根据国家制定的考核标准组织开展考核。

六、负责特种作业人员培训的单位应具备相应的资质条件，并经省级安全生产监督管理部门或其委托的地市级安全生产监督管理部门审查认定。

负责煤炭生产经营单位特种作业人员培圳的单位须经省级煤矿安全监察机构审查认定。

从事特种作业人员培训的教师须经培训并考核合格后，方可上岗。

七、特种作业人员安全技术考核分为安全技术理论考核和实际操作考核。具体考核内容按照国家局制定的特种作业人员安全技术培训考核标准执行。

八、特种作业人员安全技术的考核，应当由特种作业人员或用人单位或培训单位向当地负责特种作业人员考核的单位提出申请。考核单位自考核开始之日起，应在15日内完成考核，经考核合格的，发给相应的特种作业操作证（含IC卡）；考核不合格的，允许补考一次。

九、特种作业操作证，由国家局统一制作，各省级安全生产监督管理部门、煤矿安全监察机构负责签发。

特种作业证在全国通用。特种作业操作证不得伪造、涂改、转借或转让。

十、根据工作需要，国家局可以委托有关部门或机构审查认可特种作业人员培训单位和考核单位的资格，签发特种作业操作证。

十一、特种作业操作证每2年由原考核发证部门复审一次，连续从事工种10年以上的，经用人单位进行知识更新后，复审时间可延长至每4年一次。

复审内容包括：

（一）健康检查；

（二）违章作业记录检查；

（三）安全生产新知识和事故案例教育；

（四）本工种安全技术知识考试。

经复审合格的，由复审单位签章、登记，予以确认；复审不合格的，可向原复审单位申请再复审一次；再复审仍不合格或未按期复审的，特种作业操作证失效。

跨地区从业或跨地区流动施工单位的特种作业人员，可向从业或施工所在地的考核发证单位申请复审。

十二、培训、考核及用人单位应当加强特种作业人员的管理，建立特种作业人员档案，做好申报、培训、考核、复审的组织工作和日常的检查工作。

十三、各省级安全生产监督管理部门、煤矿安全监察机构，以及国家局委托的有关部门或机构，应每年向国家局报送本地区部门有关特种作业人员培训、考核、发证和复审情况的年度统计资料。

十四、县级以上地方各级人民政府安全生产监督管理部门、各级煤矿安全监察机构应加强对特种作业人员的监督管理。对无证上岗作业的，依法对用人单位进行教育和处罚。

有下列情形之一的，由发证单位吊销其特种作业操作证：

（一）未按规定接受复审或复审不合格的；

（二）违章操作造成严重后果或2年内违章操作记录达3次以上的；

（三）弄虚作假取得特种作业操作证的。

十五、跨地区从业或跨地区流动施工单位的特种作业人员，必须接受当地安全生产监督管理部门或煤矿安全监察机构的监督管理。

十六、特种作业人员的考核和发证工作，必须坚持公正、公平、公开的原则，不得弄虚作假；从事特种作业人员考核、发证和复审工作的有关人员滥用职权、玩忽职守、徇私舞弊的，应当依法追究其责任。

十七、各省级安全生产监督管理部门、煤矿安全监察机构可根据本地区本行业情况制定实施意见。

参考文献

[1] 劳动和社会保障部教材编写办公室组织编写．安全用电．北京：中国劳动社会保障出版社，2001．

[2] 强高培．企业供电系统与安全用电．北京：人民邮电出版社，2010．

[3] 刘成禧，卞建峰，郭锦云．电气防火技术．北京：群众出版社，1991．

[4] 金国砥．维修电工入门．杭州：浙江科学技术出版社，1999．

[5] 金国砥．电气照明施工与维护．北京：科学出版社，2010．

[6] 金国砥．电工操作实务．杭州：浙江科学技术出版社，2005．